Forschungsreihe der FH Münster

Die Fachhochschule Münster zeichnet jährlich hervorragende Abschlussarbeiten aus allen Fachbereichen der Hochschule aus. Unter dem Dach der vier Säulen Ingenieurwesen, Soziales, Gestaltung und Wirtschaft bietet die Fachhochschule Münster eine enorme Breite an fachspezifischen Arbeitsgebieten. Die in der Reihe publizierten Masterarbeiten bilden dabei die umfassende, thematische Vielfalt sowie die Expertise der Nachwuchswissenschaftler dieses Hochschulstandortes ab.

Herbert Paschert

Makroskopische Betrachtung von Trocknungsvorgängen an porösen Medien

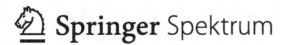 Springer Spektrum

Herbert Paschert
Fachhochschule Münster
Steinfurt, Deutschland

Der Hochschulpreis „Ausgezeichnet.2022" wurde an die besten Abschlussarbeiten der Fachhochschule Münster verliehen. Die Masterthesis wurde mit diesem Preis geehrt und für die Veröffentlichung ausgewählt.

ISSN 2570-3307 ISSN 2570-3315 (electronic)
Forschungsreihe der FH Münster
ISBN 978-3-658-41006-3 ISBN 978-3-658-41007-0 (eBook)
https://doi.org/10.1007/978-3-658-41007-0

Die Deutsche Nationalbibliothek verzeichnet diese Publikation in der Deutschen Nationalbibliografie; detaillierte bibliografische Daten sind im Internet über http://dnb.d-nb.de abrufbar.

Planung/Lektorat: Marija Kojic
Springer Spektrum ist ein Imprint der eingetragenen Gesellschaft Springer Fachmedien Wiesbaden GmbH und ist ein Teil von Springer Nature.
Die Anschrift der Gesellschaft ist: Abraham-Lincoln-Str. 46, 65189 Wiesbaden, Germany

Geleitwort

Die vorgelegte Arbeit wurde von Herbert Paschert zum Abschluss seines Masterstudiums Maschinenbau an der Fachhochschule Münster verfasst. Ziel war die Erstellung eines makroskopischen Modells zur zeitaufgelösten Beschreibung des Trocknungsvorganges in porösen Medien am Beispiel von Gipskartonplatten. So sollen auf Grundlage bekannter Prozessparameter Trocknungsvorhersagen bei variablen Randbedingungen möglich werden.

Bereits während des Studiums und auch als wissenschaftlicher Mitarbeiter hat sich Herr Paschert mit Themen der Nachhaltigkeit beschäftigt. In den Laboren für Nachwachsende Rohstoffe sowie Strömungstechnik und -simulation konzentrierte er sich insbesondere auf die Reduktion des für Rührprozesse erforderlichen Energieertrages in Biogasanlagen und leistete damit einen direkten Beitrag zur Erhöhung des Anteils der erneuerbaren Energien im Energiemix Deutschlands. Die thematische Neuausrichtung auf die Trocknungstechnik erfolgte vor dem Hintergrund der dringend erforderlichen CO_2-Reduktion bei großindustriellen Trocknungsprozessen.

Bei der Entwicklung seines Rechenmodells implementierte Herr Paschert grundlegende Berechnungsgleichungen in mehreren numerischen Modellen, simulierte trocknungstechnisch relevante Szenarien und verglich seine Ergebnisse mit experimentell ermittelten Daten. Das erste Modell beschreibt hierbei den Vorgang der Verdunstungstrocknung. Bei vollständig benetzter Oberfläche herrscht dort bei konstanter Trocknungsgeschwindigkeit die Kühlgrenztemperatur. Das zweite Modell erlaubt eine bereits getrocknete Produktoberfläche und fokussiert auf die für Produktschädigungen relevante schichtspezifische Aufheizung der Platte.

Die erstellten Modelle zeigen realitätsnahe Verläufe von Temperatur und verdampfter Wassermenge. Sie bilden eine solide Basis für die detaillierte Modellierung und werden in Folgearbeiten weiterentwickelt.

Sowohl mit seiner Arbeit zur Rührtechnik als auch mit dem erarbeiteten Simulationsmodell zur Trocknung leistete Herr Paschert erkennbare Beiträge zu den Forschungsschwerpunkten des strömungstechnischen Labors. Die intensiven Diskussionen zu beiden Themen waren stets erkenntnisreich und gewinnbringend. Sie lieferten wertvolle Impulse für unsere weitere Arbeit. Herr Paschert wird seine Arbeiten zur Trocknungstechnik auch im Rahmen seiner Dissertation fortführen.

den 02.12.2022

Prof. Dr.-Ing. Hans-Arno Jantzen
Labor für Strömungstechnik
Fachhochschule Münster
Steinfurt, Deutschland

Danksagung

Ich möchte mich besonders für die Unterstützung und die Diskussionen im Team des Labors für Strömungstechnik bedanken. Besonders die Mitarbeiter*innen im Projekt der Gipsplattentrocknung haben mich durch hilfreiche Ratschläge und interessierte Fragen stets motiviert und für Freude bei der Erarbeitung der Inhalte der vorliegenden Masterthesis gesorgt. Namenhaft möchte ich mich bei dem Projektleiter, Leiter des Labors und Betreuer der Arbeit Prof. Dr.-Ing. Hans-Arno Jantzen für die Unterstützung bedanken. Auch der Doktorrand Lukas Weber hat mit leitender Funktion im Projekt die Arbeit begleitet und somit zu den Ergebnissen beigetragen. Abschließend möchte ich mich bei Prof. Dr.-Ing. Jürgen Scholz für die Übernahme der Zweitbetreuung der Arbeit und die konstruktiven Besprechungen bedanken.

Kurzfassung

In dieser Arbeit werden zwei Berechnungsverfahren zur Berechnung von Trocknungsvorgängen an halbunendlichen längsüberströmten symmetrischen Platten beschrieben. Die Methoden unterscheiden sich in Bezug auf den Wassergehalt an der Oberfläche der Platte.

Das erste Modell „vollständig benetzte Oberfläche" nimmt eine mit Wasserdampf gesättigte Luftschicht oberhalb der Flüssigkeitsschicht auf der Platte an. Daraus resultiert eine Oberfläche mit Kühlgrenztemperatur und einer konstanten Trocknungsgeschwindigkeit. Es wird von Verdunstungstrocknung gesprochen, da die Siedetemperatur nicht erreicht wird und sich der Partialdruck des Dampfes in der Luft erhöht, die Luft wird feuchter.

Das zweite Modell „sinkender Trocknungsspiegel" beschreibt die Aufheizung der Gipskartonplatte in verschiedenen Schichten. Erreicht die wasserhaltige Schicht die Siedetemperatur, so verdampft das flüssige Wasser. Der Wasserverlust lässt einen fiktiven Trocknungsspiegel im Gips absinken und ändert somit die Verhältnisse der Wärmeübergänge der Karton-, trockenen und feuchten Gipsschicht, somit sinkt die Trocknungsrate über die Zeit ab. Es wird von Verdampfungstrocknung gesprochen, da der eingehende Wärmestrom die Wassermasse bei Siedetemperatur verdampft.

Im Anschluss werden Vorschläge zur Erweiterung und Verbesserung des zweiten Modells gegeben. Aus der Aufarbeitung des Wissensstands ergeben sich eine Reihe an Experimenten, die zur Validierung der Annahmen oder Verbesserung der Berechnungsgrundlagen der Modelle empfehlenswert sind.

Abstract

In this work, two calculation methods for the calculation of drying processes on semi-infinite longitudinally overflowed symmetrical plates are described. The methods differ based on the water content on the surface of the plate.

The first model "completely wetted surface" assumes a layer of air saturated with water vapour above the liquid layer on the plate. This results in a surface with a wet-bulb temperature and a constant drying rate. This is called evaporation drying because the boiling temperature is not reached and the partial pressure of the vapour in the air increases, the air becomes more humid.

The second model "sinking drying level" describes the heating of the gypsum board in different layers. When the layer containing water reaches the boiling temperature, the liquid water evaporates. The loss of water causes a fictitious drying level in the gypsum to sink and thus changes the ratios of the heat transfers of the board, dry and moist gypsum layers, so that the drying rate decreases over time. This is called evaporation drying because the incoming heat flow evaporates the water at boiling temperature.

Subsequently, suggestions are made for the extension and improvement of the second model. The review of the state of knowledge results in a series of experiments that are recommended to validate the assumptions or improve the calculation basis of the models.

Inhaltsverzeichnis

1 **Einleitung** 1
  1.1 Projekt „Gipsplattentrocknung" 2
  1.2 Ziel der Arbeit 6

2 **Grundwissen** 7
  2.1 Definition der Grundbegriffe 7
      2.1.1 Gipskartonplatte 7
      2.1.2 Stoffdaten von Gipskartonplatten 8
      2.1.3 Feuchte in porösen Medien 10
      2.1.4 Trocknungsprozess 16
  2.2 Wissenschaftliche Grundlagen 27
      2.2.1 h-x-Diagramm 27
      2.2.2 Grenzschichttheorie 33
      2.2.3 Wärmeübergang 37
      2.2.4 Stoffübergang 44
      2.2.5 Gekoppelter Wärme- und Stoffübergang 52
      2.2.6 Zusammenfassung: Trocknung von Gipskartonplatten ... 58

3 **Berechnungsmodelle** 61
  3.1 Vollständig benetzte Oberfläche 61
      3.1.1 Verdunstungsphysik 63
      3.1.2 Berechnungsbeispiel 64
      3.1.3 Vergleich zur Literatur und Experiment 67
      3.1.4 Fazit 69
  3.2 Sinkender Trocknungsspiegel 70
      3.2.1 Verdampfungsphysik 70
      3.2.2 Berechnungsschema 81

3.2.3   Ergebnisse 85
3.2.4   Vergleich zur Literatur und Experiment 87
3.2.5   Fazit 95

4   Aufbauende Fragestellungen 97
4.1   Verbesserte Berechnungsmodelle 97
      4.1.1   Knickpunktmodell 98
      4.1.2   Bestimmung von Stoffwerten für feuchte Luft 100
      4.1.3   Reale Wärmeleitfähigkeit 101
      4.1.4   Trocknungs- und Auffeuchtungshysterese 104
4.2   Experimente 104
      4.2.1   Verschiedene Trocknungskurven 105
      4.2.2   Nachbildung der industriellen Trocknungsvorgänge
              im Versuchstrockner 106
      4.2.3   Temperaturverteilung 106
      4.2.4   Versperrung kleiner Poren 108
4.3   Simulation 110

5   Zusammenfassung 111

6   Fazit 113

7   Ausblick 115

Literaturverzeichnis 117

Abkürzungsverzeichnis

FDM	Finite Differenzen Methode
FEM	Finte Elemente Methode
FVM	Finite Volumen Methode
GKB	Gipskartonplatte
HAM	Heat-Air-Moisture

Nomenklatur

Latein

A	Fläche [m²]
a	Aufteilungswert Reihenschaltung [-]
a	Temperaturleitfähigkeit [m²/s]
b	Bewegungsbeiwert [s/m²]
b_{diff}	Diffusionsbewegungsbeiwert [s/m²]
b_{lam}	laminarer Bewegungsbeiwert [s/m²]
b_{mol}	molarer Bewegungsbeiwert [s/m²]
b_{verd}	Verdunstungsbewegungsbeiwert [s/m²]
$c_{\text{P,D}}$	isobare spezifische Wärmekapazität von Dampf [J/(kg K)]
$c_{\text{P,F}}$	isobare spezifische Wärmekapazität feuchte Schicht [J/(kg K)]
$c_{\text{P,L}}$	isobare spezifische Wärmekapazität von Luft [J/(kg K)]
$c_{\text{P,T}}$	isobare spezifische Wärmekapazität trockene Schicht [J/(kg K)]
$c_{\text{P,W}}$	isobare spezifische Wärmekapazität von Wasser [J/(kg K)]
c_{G}	spezifische Wärmekapazität von Gipsstein [J/(kg K)]
C_{K}	Kapillarsystemkonstante [m/s]
c_{K}	spezifische Wärmekapazität von Karton [J/(kg K)]
c_P	isobare spezifische Wärmekapazität [J/(kg K)]
d	Durchmesser [m]
f	Austauschfläche [m²]
f_{ϑ}	kritischer Temperatursteigerungsfaktor [-]
g	Erdbeschleunigung [m/s²]
G_{D}	Flächenmasse Dampf [kg/m²]
G_{G}	Flächenmasse Gips [kg/m²]
G_{ges}	Flächenmasse [kg/m²]

G_K	Flächenmasse Karton [kg/m^2]
G_W	Flächenmasse Wasser [kg/m^2]
H	Steighöhe [m]
h	spezifische Enthalpie [J/kg]
h_v	Verdampfungsenthalpie [J/kg]
j_{AB}	Wärmeübergangskoeffizient von Schicht A nach B [W/(m^2 K)]
$j_{A,t}$	Thermische Trägheit von Schicht A [W/(m^2 K)]
l	Plattenlänge [m]
l_0	beheizte Länge [m]
M	molare Masse [kg/mol]
m_D	Masse Dampf [kg]
$\dot{m}_D$	Trocknungsrate [kg/(m^2 s)]
$\dot{m}_{DI}$	Trocknungsrate im ersten Trocknungsabschnitt [kg/(m^2 s)]
m_F	Masse feuchtes Gut [kg]
m_f	Masse Flüssigkeit [kg]
m_G	Masse Gips [kg]
m_{ges}	Gesamtmasse [kg]
m_K	Masse Karton [kg]
m_{tr}	Masse trockenes Gut [kg]
M_W	molare Masse Wasser [kg/mol]
m_W	Masse Wasser [kg]
P	Absoluter Druck [Pa]
P_c	Kapillardruck [Pa]
P_D	Wasserdampf (Partial-) Druck [Pa]
P_{DL}	Wasserdampf Partialdruck in der Zuluft [Pa]
P_{DO}	Wasserdampf Partialdruck an der Oberfläche [Pa]
$P_{D,satt}$	Sättigungsdampfdruck [Pa]
P_M	Flüssigkeitsdruck am Meniskus [Pa]
P_R	Druckverlust durch Reibung [Pa]
q	Wärmedichte [J/m^2]
$\dot{q}_{AB}$	Wärmestromdichte von Schicht A nach Schicht B [W/m^2]
$\dot{Q}_K$	Wärmestrom durch erzwungene Konvektion [W]
$\dot{q}_K$	Wärmestromdichte durch Konvektion [W/m^2]
$\dot{Q}_L$	Wärmestrom durch Wärmeleitung [W]
Q_{t_n}	Thermische Energie zum Zeitpunkt t_n [J]
q_{t_n}	Wärmedichte zum Zeitpunkt t_n [J/m^2]
R	allgemeine Gaskonstante
r	Radius [m]
R_D	spezifische Gaskonstante Wasserdampf [J/(kg K)]

s	Stärke [m]
s_F	Stärke feuchte Schicht [m]
s_G	Stärke Gips [m]
s_{GKB}	Stärke gesamte Gipskartonplatte [m]
s_K	Stärke Karton [m]
s_{Kn}	Höhe des Trocknungsspiegels bei Erreichen des Knickpunktes [m]
s_T	Stärke trockene Schicht [m]
$s_{T,ini}$	anfängliche Stärke der trockenen Gipsschicht [m]
s_{t_n}	Höhe des Trocknungsspiegels zum Zeitpunkt t_n [m]
T	Absolute Temperatur [K]
t_n	Zeitpunkt [s]
T_{Siede}	Siedetemperatur [K]
t_{sim}	Berechnete Trocknungszeit [s]
T_{t_n}	Temperatur zum Zeitpunkt t_n [K]
w	Feuchtigkeitsgehalt [kg/m^3]
w	Strömungsgeschwindigkeit [m/s]
w_∞	Umgebungsströmungsgeschwindigkeit [m/s]
$w_{Kapillar}$	maximaler Feuchtigkeitsgehalt [kg/m^3]
X	Gutsfeuchte [-]
x	Beladung [g/kg]
x	Lauflängenvariable [m]
X_{gl}	Gleichgewichtsfeuchte [-]
X_{Kn}	Knickpunktfeuchte [-]
x_L	Beladung der Luft [g/kg]
x_l	Umschlagspunkt [m]
X_{max}	maximale Gutsfeuchte [-]
x_n	Beladung in Punkt n [g/kg]
x_O	Beladung an der Oberfläche [g/kg]

Griechisch

α	Wärmeübergangskoeffizient [W/(m^2 K)]
α_m	mittlerer Wärmeübergangskoeffizient [W/(m^2 K)]
β	Stoffübergangskoeffizient [m/s]
δ	Diffusionskoeffizient [m^2/s]
δ_{DL}	Dampf-Luft Diffusionskoeffizient [m^2/s]
Δt	Zeitschrittweite [s]

Δt_{max}	Maximale Zeitschrittweite [s]
ζ	Verlustbeiwert [-]
η	dynamische Viskosität [Pa s]
Θ	Kontaktwinkel [°]
ϑ	Temperatur [°C]
ϑ_F	Filmtemperatur [°C]
ϑ_{ini}	Anfangstemperatur [°C]
ϑ_K	Kartontemperatur [°C]
ϑ_{KG}	Kühlgrenztemperatur [°C]
ϑ_L	Lufttemperatur [°C]
ϑ_n	Temperatur in Punkt n [°C]
ϑ_O	Oberflächentemperatur [°C]
ϑ_{Siede}	Siedetemperatur [°C]
λ	Wärmeleitfähigkeit [W/(m K)]
λ_F	Wärmeleitfähigkeit feuchte Schicht [W/(m K)]
λ_T	Wärmeleitfähigkeit trockene Schicht [W/(m K)]
μ	Wasserdampfdiffusionswiderstandsfaktor [-]
ν	kinematische Viskosität [m²/s]
ρ	Dichte [kg/m³]
ρ_D	Dichte Wasserdampf [kg/m³]
ρ_F	Dichte feuchte Schicht [kg/m³]
ρ_G	Dichte von Gips [kg/m³]
ρ_{GKB}	Dichte Gipskartonplatte [kg/m³]
ρ_{GS}	Dichte von Gipsstein [kg/m³]
ρ_K	Dichte von Karton [kg/m³]
ρ_T	Dichte trockene Schicht [kg/m³]
ρ_W	Dichte von Wasser [kg/m³]
σ	Oberflächenspannung [N/m]
σ_L	Oberflächenspannung der Flüssigkeit [N/m]
σ_{LS}	Grenzflächenspannung zwischen Flüssigkeit und Festkörper [N/m]
σ_S	Oberflächenspannung des Festkörpers [N/m]
φ	relative Luftfeuchtigkeit [-]
φ_L	relative Luftfeuchtigkeit der Luft [-]
φ_n	relative Luftfeuchtigkeit in Punkt n [-]
φ_O	relative Luftfeuchtigkeit der Oberfläche [-]
Ψ	Porosität [-]

Dimensionslose Kennzahlen

Le	Lewis-Zahl [-]
Nu	Nusselt-Zahl [-]
Nu_{lam}	laminare Nusselt-Zahl [-]
Nu_{turb}	turbulente Nusselt-Zahl [-]
Pr	Prandtl-Zahl [-]
Re	Reynolds-Zahl [-]
Re_{Rohr}	Reynolds-Zahl [-]
Sc	Schmidt-Zahl [-]
η	dimensionslose Feuchte [-]
$\dot{\nu}$	dimensionslose Trocknungsrate [-]
$steps$	Anzahl der Berechnungsschritte [-]

Abbildungsverzeichnis

Abbildung 1.1   Idealisiertes Gipskartonplattenelement 2

Abbildung 1.2   Projektübersicht Gipsplattentrocknung 3

Abbildung 2.1   Kantenformen von Gipskartonplatten (DIN 18180) ... 8

Abbildung 2.2   Trocknungsabschnitte poröser Medien (F. f. G. u. Bioverfahrenstechnik) 11

Abbildung 2.3   Sorptionsisotherme für Gips (5, $1340\frac{kg}{m^3}$) (Krischer und Kast 1978) 12

Abbildung 2.4   Methode des liegenden Tropfens, Kontaktwinkel zwischen Flüssigkeiten und Festkörpern (KRÜSS GmbH) 13

Abbildung 2.5   Rekonstruierte Feuchtigkeitsverteilung einer Gipskartonplatte 14

Abbildung 2.6   Porenradienverteilung von Gips 15

Abbildung 2.7   Charakteristischer zeitlicher Verlauf der Trocknungsrate eines kapillarporösen Gutes mit hygroskopischen Bereich (Krischer und Kast 1978) ... 18

Abbildung 2.8   Dimensionsloser Trocknungsverlauf in Anlehnung an (Krischer und Kast 1978) 20

Abbildung 2.9   Fließschema einer Gipskartonplattentrocknungsanlage (Kast 1989) 21

Abbildung 2.10 Temperaturverlauf in einen Produktionstrockner aufgezeichnet mit „Schleppelementen" 1 Lufttemperatur; 2 Temperatur in Plattenmitte (Kast 1989) 21

Abbildung 2.11   Gewicht der Gipskartonplatte über der Zeit   23
Abbildung 2.12   Feuchte der Gipskartonplatte über der Zeit   24
Abbildung 2.13   Trocknungsrate der Gipskartonplatte über der Zeit   25
Abbildung 2.14   Trocknungsrate über der Feuchte   26
Abbildung 2.15   Oberflächen- und Kühlgrenztemperatur bei
                  der Verdunstung von Wasser in trockner Luft
                  in Abhängigkeit der Lufttemperatur (Krischer und
                  Kast 1978)   28
Abbildung 2.16   h-x-Diagramm, Bestimmung der
                  Kühlgrenztemperatur; (1) Anströmzustand, (2)
                  Kühlgrenzzustand   30
Abbildung 2.17   Kühlgrenztemperaturen bei verschiedenen
                  Lufttemperaturen und Beladungen   31
Abbildung 2.18   Kurven gleicher Gutsfeuchtigkeit X=const im
                  h-x-Diagramm in Anlehnung an (Krischer und
                  Kast 1978)   33
Abbildung 2.19   Grenzschichtentwicklung an einer ebenen Platte
                  (Wenger Engineering GmbH 2021)   34
Abbildung 2.20   Ausgebildete Grenzschichten der Strömung,
                  Temperatur und Konzentration im
                  laminaren Bereich   35
Abbildung 2.21   Wärme- und Stoffaustausch bei vollkommener
                  Turbulenz (Krischer und Kast 1978)   36
Abbildung 2.22   Theoretische Grenzfälle der Wärmeleitung   40
Abbildung 2.23   Grenzwerte der Wärmeleitfähigkeit bei Parallel-
                  und Reihenschaltung von Gipsstein/Wasser und
                  Gipsstein/Dampf-Kombination bei variierender
                  Porosität in Gipskartonplatten (mit Kartonschicht)   41
Abbildung 2.24   Relevanter Bereich der Nußelt-Zahl   44
Abbildung 2.25   Vergleich von Molekularbewegung und Diffusion
                  (Krischer und Kast 1978)   48
Abbildung 2.26   Kopplung von Wärme- und Stoffaustausch
                  (Krischer und Kast 1978)   52
Abbildung 2.27   Ausgangssituation 1: Konstanter Partialdruck,
                  Temperaturgefälle   53
Abbildung 2.28   Ausgangssituation 1: Eingestelltes Gleichgewicht   54
Abbildung 2.29   Ausgangssituation 2: Konstante Temperatur,
                  Partialdruckgefälle   55

Abbildung 2.30   Ausgangssituation 2: Ungleichgewicht zwischen
                   Luft und Oberfläche 56
Abbildung 2.31   Ausgangssituation 2: Eingestelltes Gleichgewicht 57
Abbildung 3.1   Modell Skizze: Vollständig benetzte Oberfläche 62
Abbildung 3.2   Berechnungsbeispiel: Vollständig benetzte
                   Oberfläche 64
Abbildung 3.3   Skizze des Modells
                   „Sinkender Trocknungsspiegel" 71
Abbildung 3.4   Bilanzierung der Kartonschicht 74
Abbildung 3.5   Bilanzierung der trocknen Gipsschicht 76
Abbildung 3.6   Bilanzierung der feuchten Gipsschicht 78
Abbildung 3.7   Bilanzierung des sinkenden Trocknungsspiegels 80
Abbildung 3.8   Berechnungsschema „sinkender
                   Trocknungsspiegel" 86
Abbildung 3.9   Temperaturverlauf der Beispielrechnung,
                   Temperaturen der Karton-, trockenen und
                   feuchten Gipsschicht $\vartheta_K, \vartheta_T, \vartheta_F$ 87
Abbildung 3.10   Trocknungsspiegel der Beispielrechnung,
                   Schichtstärken der trockenen und feuchten
                   Gipsschicht s_T, s_F 88
Abbildung 3.11   Trocknungsrate der Beispielrechnung,
                   Trocknungsrate des zweiten
                   Trocknungsabschnitts $\dot{m}_D$ 89
Abbildung 3.12   Trocknung von Gipskartonplatten: Trocknungs-
                   und Temperaturverlauf (im Plattenkern) (Kast 1989) 90
Abbildung 3.13   Berechneter Trocknungsverlauf „Sinkender
                   Trocknungsspiegel" 91
Abbildung 3.14   Vergleich berechneter und
                   gemessener Trocknungsraten 94
Abbildung 4.1   Verlauf des Trocknungs- und Flüssigkeitsspiegels
                   im Knickpunktmodell 98
Abbildung 4.2   Schematische Darstellung einer Knickpunktkurve 100
Abbildung 4.3   Dreiphasiges Modell der Wärmeleitung 103
Abbildung 4.4   Messung der Temperaturverteilung
                   in Gipskartonplatten, x-z Ausrichtung 107
Abbildung 4.5   Messung der Temperaturverteilung
                   in Gipskartonplatten, x-y Ausrichtung 107

Abbildung 4.6   Trocknungsverlauf für Chemie-Gips
                 bei sprunghafter Änderung der
                 Trocknungsbedingungen nach verschiedenen
                 Zeiten (Krischer und Kast 1978) 109

Tabellenverzeichnis

Tabelle 2.1   Eigenschaften Gipskartonplatte (Kast 1989)   9

Tabelle 2.2   Trocknungsparameter des Versuchstrockners   22

Tabelle 2.3   Trocknungsparameter der ersten Versuchstrocknung   22

Tabelle 2.4   Anteile der Trocknungsabschnitte an der gesamten
Trocknung   25

Tabelle 2.5   Variation der Prandtl-Zahl in feuchter Luft   43

Tabelle 3.1   Experimentelle Ergebnisse (Lützenburg 2020)   67

Tabelle 3.2   Vergleich von experimentellen und theoretischen
Trocknungsraten im Bereich der Verdunstung   68

Tabelle 3.3   Vergleich von experimentellen und theoretischen
Kühlgrenztemperaturen bzw. Oberflächentemperaturen
im Bereich der Verdunstung   68

Tabelle 3.4   Berechnungsparameter   82

Tabelle 3.5   Simulationsparameter   82

Tabelle 3.6   Vergleich der Flächenmassen von Berechnung und
Experiment   94

Im Rahmen dieser Masterarbeit wird die Physik der Trocknungsvorgänge an Gipskartonplatten näher untersucht. Gipskartonplatten werden klassischerweise im Trockenbau von Gebäuden verwendet. Nach dem Gießen von Gipskartonplatten bleibt ein Anteil Wasser in der Platte. Die Gipskartonplatten werden in mehrstöckigen mehrspurigen Trocknern getrocknet. Diese Trockner benötigen enorme Mengen thermischer Energie und eine gewisse Zeit aufgrund der produktspezifischen Trocknungsgrenzen bevor Schädigungen eintreten, um das Wasser zu entfernen. Um die thermische Energie künftig besser nutzen zu können, werden in dieser Arbeit die physikalischen und thermodynamischen Vorgänge der Gipskartonplatte näher beleuchtet.

In der Produktion von Gipskartonplatten kommt es unter den thermischen und materiellen Belastungen unter einigen Trocknungsbedingungen zur Produktschädigung. Darunter fällt die Kalzinierung welche bei zu starker Trocknung den chemischen Aufbau des Gipses beeinflusst und diesen brüchig und spröde macht. Damit ist dieser Bereich mechanisch weniger belastbar. Häufig tritt dieser Effekt an der Kartonummantelten Kante auf. Des Weiteren kann sich bei zu starker Trocknung der Druck in der Platte erhöhen. Dies ist ab dem Punkt ein Problem an dem die verklebte Kartonschicht abplatzt und so zur Zerstörung des Produkts führt. Dies sind nur zwei Problematiken welche durch die unzureichende Kenntnis der Vorgänge innerhalb der Gipskartonplatten entstehen.

In dieser Arbeit geht es um die Berechnung der Temperatur- und Feuchteverläufe von Gipskartonplatten während der Trocknung in den industriellen Trocknern. Im Rahmen dieser Arbeit werden die Vorgänge an einem Flächenelement der Gipskartonplatte beschrieben. Zur Vereinfachung wird daher angenommen, dass es keine signifikanten Wärme- oder Stoffbewegungen in Längs- oder Querrichtung der Platte gibt. Unter dieser Annahme lässt sich die

H. Paschert, *Makroskopische Betrachtung von Trocknungsvorgängen an porösen Medien*, Forschungsreihe der FH Münster, https://doi.org/10.1007/978-3-658-41007-0_1

Wärme- und Stoffbewegung und dessen Austausch mit der Umgebung für ein
Längenelement in Abbildung 1.1 darstellen.

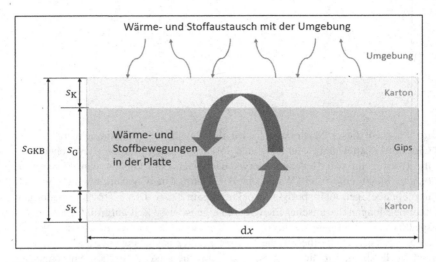

Abbildung 1.1   Idealisiertes Gipskartonplattenelement

In dem Gipskartonplattenelement nach Abbildung 1.1 wird es während der
Trocknung einen Wärmeeintrag aus der Umgebung und einen Feuchtigkeits-
austrag in Form von Wasserdampf geben. Des Weiteren ist mit einer Wärme-
und Stoffbewegung innerhalb der Gipskartonplatte zurechnen. Diese Vorgänge
lassen sich über die Gutstemperatur und Feuchte beschreiben und in Experimenten messen. Daher ist Ziel der Arbeit diese Verläufe unter Berücksichtigung
der Umgebungsbedingungen über die Trocknungszeit zu approximieren. Eine
detailliertere Beschreibung der Aufgabenstellung ist unter Abschnitt 1.2 zu
finden.

1.1   Projekt „Gipsplattentrocknung"

Diese Arbeit entsteht als Teilprojekt des öffentlich geförderten Forschungsprojek-
tes[1] „Gipsplattentrocknung" unter der Leitung von Prof. Dr.-Ing. H.-A. Jantzen

---

[1] FHprofUnt 2018: Gipsplattentrocknung FKZ: 13FH064PX8

und Lukas Weber M. Sc. im Labor für Strömungstechnik und -simulation an der FH Münster am Standort Steinfurt. Weitere Projektpartner sind das Labor für Instrumentelle Analytik unter Leitung von Prof. Dr. M. Kreyenschmidt und das Labor für Strömungsmesstechnik unter Leitung von Prof. Dr. P. Vennemann. Das Projekt „Gipsplattentrocknung" wird in verschiedene Projektbausteine gegliedert, welche in Abbildung 1.2 dargestellt sind.

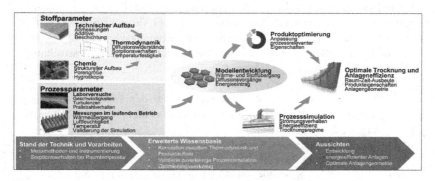

Abbildung 1.2 Projektübersicht Gipsplattentrocknung

Diese Arbeit lässt sich mit den dargestellten Projektbausteinen an verschiedenen Stellen verknüpfen.

Hierbei beziehen sich die Verknüpfungen auf das in Abschnitt 3.2 vorgestellte Modell:

1. Stoffparameter
   Im Teilbereich „Stoffparameter" geht es um die Charakterisierung der Eigenschaften von Gipskartonplatten. Dabei können neben den makroskopischen Größen wie Dichte und Porosität, auch mikroskopische Größen wie die Porenstruktur eine Rolle spielen.
   a. Technischer Aufbau
      Die Abmessungen und die Beschichtung des Gipses durch den Karton werden in dieser Arbeit berücksichtigt.
   b. Chemie
      Die Struktur des Gipses wird über eine angenommene Verteilung von Wasser und Gips und der Definition von verschiedenen Schichten berücksichtigt.

c. Thermodynamik
   Die Wärmeleitung und Temperaturleitfähigkeit des Gipses bei verschiedenen Feuchten werden durch Annahmen in den Berechnungsmodellen
   berücksichtig. Die Eigenschaften der Trocknungsluft werden in Abhängigkeit von Temperatur und Feuchte berechnet.

2. Prozessparameter
   Im Teilbereich „Prozessparameter" geht um die Nachstellung der Trocknungs-
   bedingung von der industriellen Anlange in einem Versuchstrockner. Auf der
   einen Seite lassen sich die Trocknerluft und Strömungsverhältnisse beschreiben und nachstellen. Auf der anderen Seite geht es um die messtechnische
   Erfassung der Parameter und deren Regelung.
   a. Laborversuche
      Die Erweiterung des Wissens im Bereich der Gipsplattentrocknung
      führt zu einer Reihe an relevanten Experimenten, die in dieser Arbeit
      vorgestellt werden.
   b. Messungen im laufenden Betrieb
      Die vorgestellten Berechnungsergebnisse lassen sich mit den Messdaten
      aus dem Versuchstrockner vergleichen. Dafür werden die Messdaten aus
      dem Versuchstrockner ausgewertet, dargestellt und analysiert.

3. Modellentwicklung
   Im Teilbereich der „Modellentwicklung" geht es um die physikalische Abbildung des Trocknungsprozesses. Die dominierenden Einflüsse können ermittelt,
   beschrieben und quantifiziert werden. Die mathematischen Zusammenhänge
   ermöglichen, die jeweilige Relevanz einer Einflussgröße abzuschätzen.

   Die beiden vorgestellten Modelle zeigen auf zwei unterschiedlichen Arten,
   wie die in der Trocknung relevanten physikalischen Vorgänge bei Gipsfaserplatten bzw. Gipskartonplatten berechnet werden. Die Modelle zeigen
   die qualitativen Prozesskurven des Trocknungsvorgangs. Durch weitere
   Verbesserungen der Annahmen und eine weitere Detaillierung der Modelle
   scheint eine verbesserte quantitative Berechnung der Prozesskurven möglich.

4. Produktoptimierung
   Im Teilbereich der „Produktoptimierung" können die relevanten Einflussgrößen so konfiguriert werden, dass die Optimierungskriterien (z.B. Trocknungsdauer) verbessert werden.

Die vorgestellten Modelle beziehen sich auf eindimensionale Flächenelemente, welche mit großer Wahrscheinlichkeit in den mittleren Abschnitten der Gipskartonplatten vorherrschen. Ein besseres Verständnis und die überschlägige Berechnung der Trocknungszeit ermöglichen eine effizientere Gestaltung des Trocknungsprozesses.
Die kritischen Karton- und Schnittkanten werden in den vorgestellten Modellen nicht berücksichtigt. Hier gilt es, Messdaten aus Experimenten zu gewinnen.

5. Prozesssimulation
Im Teilbereich der „Prozesssimulation" werden die Auswirkungen der Änderungen von relevanten Einflussgrößen genauer betrachtet. Die Simulation soll in der Lage sein die Trocknungsverläufe vorauszubestimmen.

Das vorgestellte Modell kann um die Berechnung mit zeitlich abhängigen Temperatur- und Feuchtewerten der überströmenden Luft erweitert werden und ermöglicht somit die Nachbildung des zeitlichen Ablaufes einer Trocknung im Industrietrockner.
Des Weiteren können Simulationsmodelle mit den hier vorgestellten makroskopischen Modellen verglichen werden. Dabei können die Randwerte der Berechnung leichter angepasst werden, als es für ein Experiment der Fall ist.

6. Optimale Trocknung und Anlageneffizienz
Das Gesamtziel des Projektes die „Optimale Trocknung und Anlageneffizienz" soll die Entwicklung effizienterer Trocknungsanlage ermöglichen. Das verbesserte Verständnis der Trocknung, die Einschätzung der Einflussparameter und die Vorausbestimmung der Ergebnisse werden in der Auslegung und im Betrieb der Anlagen eine entscheidende Rolle spielen.

Die Optimierung ganzer Trockner wird möglich, sobald numerische Simulationen oder die hier vorgestellten Modelle die Ergebnisse aus den Trocknungsversuchen im Labor mit ausreichender Genauigkeit vorhersagen können und das erlangte Wissen auf die Praxis übertragbar wird.

1.2   Ziel der Arbeit

Ziel der Arbeit ist es, die Temperatur- und Feuchtigkeitsverläufe von Gipskartonplatten im Trocknungsprozess zu verstehen und durch einfache Rechenmodelle
zu approximieren. Die spezifischen Trocknungsbedingungen im industriellen und
Versuchstrockner sowie relevanten Eigenschaften der Gipskartonplatte sind zu
berücksichtigen. Die Kenntnis des Feuchtigkeitsverlaufs und damit auch der
Trocknungsrate, ermöglicht des Weiteren die Trocknungsverläufe in die spezifischen Trocknungsabschnitte von porösen Medien einzuordnen. Der präsentierte
makroskopische Ansatz verzichtet bewusst auf den Einsatz von FVM/FEM/FEM-
Verfahren. Diese werden im Rahmen des Forschungsprojekts in einer zweiten
Arbeit parallel entwickelt.

Die Idee die Trocknung von Gipskartonplatten in erweiterbaren Modellen
zu beschreiben basiert darauf das Modell immer wieder um einen relevanten
physikalischen Einfluss zu erweitern. Das Vorgehen dabei ist den nächst-
dominierenden Einfluss zu ermitteln und im Modell der nächsten Komplexität zu
berücksichtigen. Anhand der Ergebnisse wird abgeschätzt ob die Berücksichtigung eines weiteren Einflusses notwendig ist. Somit wird sichergestellt, dass ein
Modell mit niedriger Komplexität mit physikalischer Annäherung an die reale
Gipsplattentrocknung entsteht.

Dabei sollen mehrere Punkte berücksichtigt werden:

- Eine Gipskartonplatte ist als poröses Medium zu betrachten

   o Die Fluide Luft und Wasserdampf werden im Prozess berücksichtigt[2]

- Es wird eine Gipskartonplatte mit einer Stärke von $12, 5$mm betrachtet[3]
- Für den experimentellen Abgleich werden Daten des Projektpartners, Daten
  aus eigenen Messungen oder der Literatur herangezogen.
- Besonders die Trocknung im ersten und zweiten Trocknungsabschnitt sind für
  die Produktion der Gipskartonplatten relevant. Im dritten Trocknungsabschnitt
  wird die Platte durch Kalzinierung unbrauchbar.

---

[2] In industriellen Trocknern wird feuchtes Rauchgas und im Versuchstrockner feuchte Luft
verwendet.

[3] Dies ist ein Standardformat und hat das größte Produktionsvolumen

Grundwissen

2

In der Trocknungstechnik werden eine Reihe von Begriffen und Definitionen sowie physikalischer Zusammenhänge benötigt, um die vorgestellten Inhalte zu verstehen. Diese werden im Folgenden erläutert.

2.1 Definition der Grundbegriffe

2.1.1 Gipskartonplatte

Gipskartonplatten (auch Gips-Wandplatten oder Bauplatten genannt) werden weltweit vorrangig im Trockenbau verwendet. Sie unterliegen der Norm (DIN 18180) und werden nach Norm (DIN EN 12859: 2008) geprüft.
Dort wird der Begriff wie folgt definiert:

Gipsplatte

ebene rechteckige Platte, die aus einem Gipskern und einer daran fest haftenden Ummantelung aus einem festen, widerstandsfähigen Karton besteht; die Kartonoberflächen können in Abhängigkeit vom Verwendungszweck der jeweiligen Plattenart variieren, und der Kern kann Zusätze enthalten, die der Platte zusätzliche Eigenschaften verleihen; die Längskanten sind kartonummantelt und dem Verwendungszweck entsprechend ausgebildet

(DIN 18180)

Ergänzende Information Die elektronische Version dieses Kapitels enthält Zusatzmaterial, auf das über folgenden Link zugegriffen werden kann https://doi.org/10.1007/978-3-658-41007-0_2.

H. Paschert, *Makroskopische Betrachtung von Trocknungsvorgängen an porösen Medien*, Forschungsreihe der FH Münster, https://doi.org/10.1007/978-3-658-41007-0_2

Es gibt verschiedene Ausführungen der kartonummantelten Kantenformen. Diese sind in der industriellen Trocknung problematisch, da der Wärmeeintrag durch die größere Oberfläche an der Kante größer als auf der Fläche ist. Diese Problematik wird in dieser Arbeit nicht weiter betrachtet, da es vorrangig um das allgemeine Verständnis der Trocknungsvorgänge geht (Abbildung 2.1).

Abbildung 2.1
Kantenformen von
Gipskartonplatten (DIN
18180)

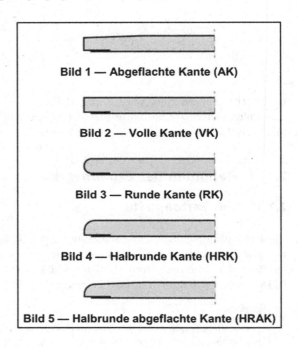

Bild 1 — Abgeflachte Kante (AK)

Bild 2 — Volle Kante (VK)

Bild 3 — Runde Kante (RK)

Bild 4 — Halbrunde Kante (HRK)

Bild 5 — Halbrunde abgeflachte Kante (HRAK)

2.1.2 Stoffdaten von Gipskartonplatten

Entscheidend für die Erstellung von Trocknungsmodellen sind die Stoffeigenschaften von Gips, dem enthaltenen Wasser und der Kartonschicht. Diese werden in Tabelle 2.1 für trockene Gipsplatten mit einer Dichte von $\rho_{GKB} = 800 \frac{kg}{m^3}$ aufgeführt. Gipskartonplatten mit anderen Dichten sind durch andere Mischungsverhältnisse von Wasser und Gips oder unter Verwendung von Zusätzen herstellbar.

Tabelle 2.1 Eigenschaften Gipskartonplatte (Kast 1989)

Eigenschaft	Parameter	Wert	Einheit
Stärke	s_{ges}	12,5	mm
Dichte	ρ_{GBK}	800	kg/m^3
Flächenmasse	m_f	10	kg/m^2
Wasser/Gipsfaktor	$\left(\frac{W}{G}\right)$	1,6	–
Anfangsfeuchte	X_A	70	%
Maximale Feuchte	X_{max}	74,3	%
Porosität	Ψ	65	%
Wärmeleitzahl	λ_{ges}	0,284	W/(m K)
Wasserdampfdiffusionswiderstandsfaktor	μ	5	–
Spezifische Wärmekapazität	c_{GBK}	840	J/(kg K)
Lineare Wärmeausdehnungsfaktor	α	$15 - 18 * 10^{-6}$	m/(m K)
Stärke Karton	s_K	0,5	mm
Spezifische Wärmekapazität Karton	c_K	1250	J/(kg K)
Dichte Karton	ρ_K	740	kg/m^3
Wärmeleitfähigkeit Karton	λ_K	0,14	W/(m K)
Stärke Gips	s_G	11,5	mm
Spezifische Wärmekapazität Gipsstein	c_G	1250	J/(kg K)
Dichte Gipsstein	ρ_G	2315	kg/m^3
Wärmeleitfähigkeit Gipsstein	λ_G	1,3	W/(m K)

Genauere Untersuchungen der Stoffeigenschaften von Gipskartonplatten und auch des Wärme- und Stofftransports bei hohen Temperaturen sind von (AZREE OTHUMAN MYDIN 2012; Yu und Brouwers 2012; Horacio R. Corti und Roberto Fernandez-Prini 1983a; SAMUEL L. MANZELLO, SUEL-HYUN PARK, TENSEI MIZUKAMI, DALE P. BENTZ 2008; Pavel Tesárek, Robert Černý, Jaroslava Drchalová, Pavla Rovnaníková) durchgeführt worden. Die große Anzahl an Experimenten und Untersuchungen verrät, dass die genaue Bestimmung der Stoffwerte von Gipskartonplatten im Trocknungsvorgang eine Herausforderung darstellt. Die Berechnungsmodelle könnten in Zukunft mit diesen Daten verbessert werden. Vorrangig in dieser Arbeit ist die grundlegenden Berechnungsmethode. Daher sind diese Detailverfeinerungen bislang nicht berücksichtigt.

Die Abbindereaktion des Gipses in der Gipskartonplatte ist vor dem Eintritt in den Trockner abgeschlossen. Die Gipsplatte hat somit einen gewissen Anteil Calciumsulfat-Dihydrat und Wasser im Porensystem.

$$CaSO_4 \cdot \frac{1}{2}H_2O + \frac{3}{2}H_2O \rightarrow CaSO_4 \cdot 2\,H_2O$$

2.1.3 Feuchte in porösen Medien

Als Feuchte wird der Massenanteil an Flüssigkeit m_f je Massenanteil an Feststoff m_{tr} bezeichnet. Bei der Gipsplattentrocknung ist Wasser die flüssige Phase und Gips sowie Karton sind die festen Phasen. Somit wird die Feuchte X als Verhältnis der Wassermasse m_W, Gipsmasse m_G und der Kartonmasse m_K definiert.

$$X = \frac{m_f}{m_{tr}} = \frac{m_W}{m_G + m_K} \tag{2.1}$$

Die maximale Feuchte X_{max} wird erreicht, wenn alle Poren mit Wasser gefüllt sind. Für ein Flächenelement ergibt sich die maximale Feuchte über die Dichten ρ und den Schichtstärken s der jeweiligen Komponenten. Es wird angenommen, dass in der Kartonschicht kein flüssiges Wasser vorhanden ist.

$$X_{max} = \frac{m_f}{m_{tr}} = \frac{\Psi\,s_G\,\rho_W}{(1 - \Psi)s_G\,\rho_{GS} + 2\,s_K\,\rho_K} \tag{2.2}$$

$$\Psi = 1 - \frac{\rho_G}{\rho_{GS}} \approx \frac{X_{max}(2\,s_K\,\rho_K + \rho_{GS}\,s_G)}{s_G(\rho_W + X_{max}\,\rho_{GS})} \tag{2.3}$$

Die volumetrische Porosität Ψ lässt sich durch das Verhältnis von der Materialdichte ρ_G zur chemischen Dichte des Stoffes ρ_{GS} beschreiben. Sie quantifiziert welcher Volumenanteil im Material nicht durch den Feststoff eingenommen wird. In dem Fall von Gipskartonplatten gibt es Platten mit unterschiedlichen Materialdichten. Einige Beispiele finden sich in (Kast 1989) Tabelle 9.3. In dieser Arbeit dient die Gipskartonplatte mit einer Dichte $\rho_G = 800\frac{kg}{m}$ als Beispiel. Die chemische Dichte von Gipsstein beträgt $\rho_{GS} = 2315\frac{kg}{m^3}$.

$$\Psi = 1 - \frac{\rho_G}{\rho_{GS}} = 0,65 = 65\%$$

Damit ergibt sich eine maximale Feuchte von

$$X_{max} = \frac{0,65 \cdot 0,0115\mathrm{m} \cdot 1000\frac{kg}{m^3}}{(1 - 0,65)0,0115\mathrm{m} \cdot 2315\frac{kg}{m^3} + 2 \cdot 0,0005 \cdot 740\frac{kg}{m^3}} = 74,3\%.$$

Die maximale Feuchte liegt leicht über der typischen Anfangsfeuchte von $X_A = 70\%$ (vgl. (Kast 1989)).

2.1.3.1 Feuchte im Gut

Die Feuchte in porösen Medien wird über ein dreiphasiges System dargestellt. Der Feststoff mit gebundenen Wasseranteilen bildet die Struktur des Körpers, Wasser in den Kapillaren macht den Anteil der freien Feuchte aus und in der Gasphase kann feuchte Luft oder Wasserdampf vorliegen (vgl. Abbildung 2.2).

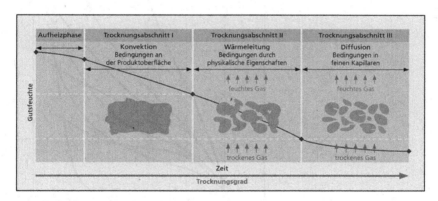

Abbildung 2.2 Trocknungsabschnitte poröser Medien (F. f. G. u. Bioverfahrenstechnik)

Hygroskopische Materialien wie Gips haben einen Benetzungswinkel der Flüssigkeit von $\Theta = 0°$. Damit ist von einer vollständigen Benetzung der Gipsoberfläche auszugehen. Die Benetzung sorgt bei porösen Medien dafür, dass diese durch Luft unterhalb von 100 °C nur bis zur Gleichgewichtsfeuchte getrocknet werden können. In diesem Zustand findet keine Diffusion aufgrund des Partialdruckgefälles von feuchter Luft und feuchtem Gut statt.

Die Gleichgewichtsfeuchte lässt sich an der materialspezifischen Sorptionsisotherme ablesen. Sie beschreibt welche Feuchte im Gut zurück bleibt, wenn dieses mit feuchter Luft getrocknet wird. Es bedeutet, dass bei der Trocknung mit feuchter Luft immer eine Restfeuchte, die Gleichgewichtsfeuchte im Gut zurückbleibt und die von der relativen Luftfeuchtigkeit abhängig ist. Diese Kurven gelten nur

Abbildung 2.3
Sorptionsisotherme für Gips
(5, 1340 $\frac{kg}{m^3}$) (Krischer und
Kast 1978)

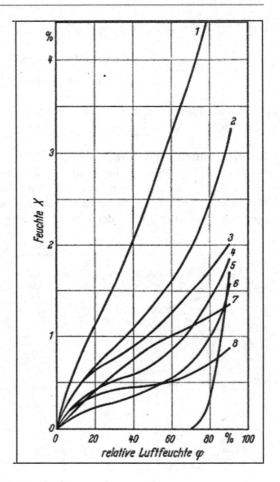

für eine bestimmte Temperatur und werden meist für Raumtemperatur angegeben. In Abbildung 2.3 sind die Sorptionsisothermen verschiedener Baustoff, unter
anderem für Gips (nicht Gipskartonplatten), dargestellt. Im spezifischen Fall von
Gips ist eine vollständige Trocknung bereits bei einer relativen Luftfeuchtigkeit
von unter 70% möglich. Die Übertragbarkeit der Sorptionsisothermen von Gips
auf eine Gipskartonplatte ist nicht zwangsläufig gegeben.

2.1.3.2 Kapillarkräfte

In zylindrischen Kapillaren mit dem Radius r steigt freies Wasser bis auf die kapillare Steighöhe H an. Freies Wasser kann sich aufgrund von Druckunterschieden bewegen, also strömen. Treibende Kraft ist die Grenzflächenspannung σ zwischen Fest- und Flüssigphase.

$$H = \frac{2\sigma \cos \Theta}{g\, \rho_W\, r} \tag{2.4}$$

Sollte es sich nicht um freies Wasser handeln, z. B. Wasser in der Öffnung einer einseitig geschlossenen Kapillare, so kann das Wasser nicht die Kapillare hochsteigen und verbleibt mit einem um den Kapillardruck P_c verringerten Flüssigkeitsdruck.

$$P_c = \frac{2\sigma \cos \Theta}{r} \tag{2.5}$$

Zahlenwerte für die Oberflächenspannung von Wasser finden sich in (Krischer und Kast 1978) und sind im Allgemeinen temperaturabhängig. Zur Ermittlung des Kontaktwinkels wird auf die optische Vermessung des Winkels über die Methode des liegenden Tropfens (vgl. Abbildung 2.4) zurückgegriffen.

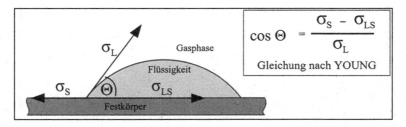

Abbildung 2.4 Methode des liegenden Tropfens, Kontaktwinkel zwischen Flüssigkeiten und Festkörpern (KRÜSS GmbH)

2.1.3.3 Radienverteilung

Die Radien der Kapillaren sind über eine Radienverteilung zu beschreiben. Die Darstellung erfolgt über eine kumulierte Kurve über die Größe der verschiedenen Radien. In der kumulierten Kurve wird die Anzahl der Radien kleiner als der

Radius auf der Abszisse dargestellt. Im Allgemeinen ist die Anzahl von Kapillaren in einem Kontrollvolumen nur schwer zählbar weswegen auf alternative Größen, welche mit der Anzahl der Kapillaren zusammenhängen zurückgegriffen wird.
Aus der Veröffentlichungen (Defraeye et al. 2012) lässt sich auf die zugrunde gelegte Porenradienverteilung zurückrechnen. Diese Werte werden in Abbildung 2.5 als Funktion des normierten Feuchtigkeitsgehalts w/w_{Kapillar} über den Kapillarradius r aufgetragen. Der Feuchtigkeitsgehalt w hängt direkt mit der Anzahl n der Poren des jeweiligen Radius zusammen[1]. Der Wert w_{Kapillar} beschreibt die Masse Wasser welche sich bei vollständiger Füllung aller Kapillaren in einem Kontrollvolumen V befindet.

$$w = \frac{m_{\text{W}}}{V}; \; m_{\text{W}} \propto V_{\text{W}} \propto n r_{\text{Kapillar}}^2$$

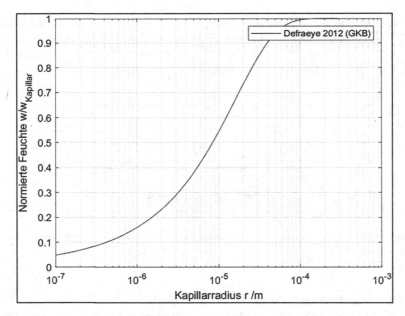

Abbildung 2.5 Rekonstruierte Feuchtigkeitsverteilung einer Gipskartonplatte

---

[1] Hier unter Annahme zylindrischer Kapillaren

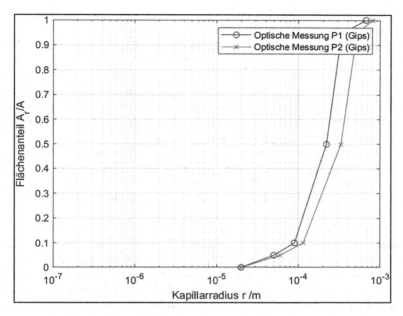

Abbildung 2.6 Porenradienverteilung von Gips

Des Weiteren liegen Daten aus optischen Messungen vor, bei denen lediglich die Poren des Gipses und nicht die gesamte Gipskartonplatte vermessen wurden. In der optischen Messmethode wird die Anzahl der Kapillaren über den Flächenanteil A_r/A mit der Anzahl verknüpft. Dabei steht A_r für die Summe aller Flächen die einen kleineren Kapillarradius aufweisen als der jeweilige Kapillarradius r auf der Abszisse. Die Fläche A beschreibt die insgesamt von den Kapillaren eingenommene Fläche im Kontrollausschnitt.

$$A_r \propto n r_{Kapillar}^2$$

Es ist davon auszugehen, dass die untere Auflösungsgrenze nicht ausreichend ist um Porenradien unterhalb von $0,2mm$ aufzunehmen.

Die Verteilungen aus Abbildung 2.5 und Abbildung 2.6 lassen sich aufgrund der verschiedenen Bestimmungsmethoden nicht direkt miteinander vergleichen, sollten aber dennoch auf ihre Gültigkeit und Relevanz geprüft werden.

In der Veröffentlichung von (Defraeye et al. 2012) wird die „moisture retention curve"[2] als Funktion des Kapillardrucks angegeben. Das dort angegebene Verhältnis w/w_{Kapillar} beschreibt den Anteil des jeweiligen Kapillardrucks an der maximalen Feuchte.

Unter der Annahme vollständiger Benetzung lässt sich der dort angegebene Kapillardruck mit dem Porenradius in Zusammenhang setzten (vgl. Gl. (2.5)). Da die erreichbare Feuchte im Zusammenhang mit dem verfügbaren Porenvolumen steht, lässt sich w/w_{Kapillar} auch als „Volumen der gefüllten Kapillaren zu Volumen aller füllbaren Kapillaren" interpretieren.

In der Untersuchung (Defraeye et al. 2012) wird besonders auf Gipskartonplatten eingegangen, welche eine besonders hohe Bedeutung für das Projekt „Gipsplattentrocknung" haben. Daher bietet die Feuchtigkeitsverteilung aus Abbildung 2.5 eine gute Grundlage für die Beurteilung der Radienverteilung in Gipskartonplatten.

Aus (Krischer und Kast 1978) und den Untersuchungen von weiteren porösen Medien[3] durch (Carmeliet und Roels 2001) ist zu entnehmen, dass besonders die kleinen Kapillaren einen besonders großen Anteil der Strukturen ausmachen. Die optische Vermessung der Gipsschichten (vgl. Abbildung 2.6) unterliegt einer Auflösungsgrenze, die besonders die kleinen Kapillaren nicht erfassen kann. Daher sind diese Messdaten keine verlässlichen Quellen für mögliche Porenradienverteilungen in der Gipsschicht von Gipskartonplatten.

2.1.4 Trocknungsprozess

Zunächst werden die Grundbegriffe der Befeuchtung und der Trocknung anhand der Definitionen aus (Krischer und Kast 1978) wiederholt.

2.1.4.1 Definition: Befeuchtung

Die Befeuchtung eines Stoffes ist ein Vorgang der bis zu einem Gleichgewicht auf Grund von Partialdruckunterschieden abläuft, wenn der (trockene) Stoff mit Wasser (oder einem anderen Lösungsmittel) oder mit feuchtem Gas in Berührung kommt. Dies ist ein Ausgleichsvorgang. Die Befeuchtung ist daher ein nicht umkehrbarer Vorgang mit Entropiezunahme, bei dem Bindungskräfte verschiedenster Art (Kapillarkräfte, Van der Waalsche Kräfte, Osmotische Kräfte u. a.) abgesättigt werden. Die Entropie

---

[2] Zu Deutsch etwa: Feuchtigkeitsrückhaltekurve
[3] Keramischer Ziegelstein und Calciumsilicat

des Systems aus Feststoff und Feuchte (Dampf oder Wasser) nimmt daher wie bei jedem Mischvorgang gegenüber den Entropien der Ausgangsstoffe zu.

2.1.4.2 Definition: Trocknung

Bei der Trocknung als Umkehrung der Befeuchtung müssen die Bindungskräfte überwunden und damit, durch eine in das System einzubringende Energie, die Entropievermehrung rückgängig gemacht werden. Dabei ist es prinzipiell gleichgültig, ob diese Energie mechanisch (z.B. durch Pressen oder Zentrifugen) oder thermisch durch Wärmezufuhr von Energieträgern (Luft, Rauchgase, Dampfdruck u.a.) aufgebracht wird. Es kann daher wie bei allen Trennverfahren, eine theoretische Mindestarbeit zur Trocknung berechnet werden. Wegen den immer vorhandenen Transport- und Übergangswiderständen beim Wärme- und Stofftransport und den Energieverlusten des Trocknungsapparates ist diese theoretische Mindestarbeit nur in sehr einfachen Fällen mit der praktisch aufzuwendenden Energie vergleichbar.

2.1.4.3 Verdunsten und Verdampfen

Die Differenzierung der beiden Begriffe Verdunsten und Verdampfen ist von der Gutstemperatur abhängig, bei welcher der Phasenwechsel vom flüssigen zum gasförmigen Wasser stattfindet.

Als Verdunstung wird der Phasenwechsel unterhalb der Siedetemperatur beschrieben. Die Temperatur des Wassers ist die Bewegungsenergie der Moleküle und fasst die Verteilung der molekularen Bewegungsenergien als Zahl zusammen. Die zufälligen Zusammenstöße der Teilchen ermöglichen es Einigen die Bindungsenergie der Molekülbrücken zu überwinden und gehen spontan an der Oberfläche der Flüssigkeit in den gasförmigen Zustand über. Daher wird angenommen, dass ein dünner Dampffilm über der Flüssigkeitsoberfläche vorhanden ist. Dieser Dampffilm ist einem Partialdruckgefälle mit der Umgebungsluft ausgesetzt. Der Konzentrationsunterschied der Luft und des Dampffilms gleichen sich an.

Wird der Flüssigkeit Wärme zugeführt und damit die Bewegung der Teilchen angeregt bis der Siedepunkt erreicht ist, wird von Verdampfung gesprochen. Die Energie die zum Überwinden der Bindungsenergien notwendig ist wird auch aus der Flüssigkeit gezogen. Das gasförmige Wasser bewegt sich nun unabhängig von einem Partialdruckgefälle, sondern breitet aufgrund der Volumenzunahme aus. Ist diese Volumenzunahme z. B. durch umgebene Strukturen erschwert, erhöht sich der Druck des Gases und eine Strömung aufgrund von absoluten Druckdifferenzen bildet sich zu einem Ort niedrigeren Druckes aus.

Während bei der Stofftransport bei der verdunstungsdominierten Trocknung innere (molekulare) Widerstände überwindet (Diffusionsvorgang), werden durch den Stofftransport bei der verdampfungsdominierten Trocknung äußere (z. B. Reibungs-) Widerstände überwunden (Strömungsvorgang) (vgl. (Krischer und Kast 1978)).

2.1.4.4 Charakteristischer Trocknungsverlauf

Im technischen Fall der Gipskartonplattentrocknung werden Gipskartonplatten über einen konvektiven Wärmeübergang und dem damit einhergehenden Stoffübergang getrocknet. In industriellen Trocknern wird Rauchgas über die Oberfläche der Gipskartonplatten geführt. Das entstehende Gemisch aus Rauchgas und Wasserdampf kann sehr hohe Wasserbeladungen aufweisen. Durch den resultierenden Wärme- und Stoffaustausch wird die Feuchtigkeit entfernt. Für die Vergleichbarkeit können im Versuchstrockner ebenfalls sehr hohe Beladungen realisiert werden. Als Trägermedium wird Luft eingesetzt.

Der Trocknungsverlauf lässt sich als Feuchtegehalt des Guts über die Trocknungszeit beschreiben. Dieser ist in Abbildung 2.2 schematisch für poröse Medien dargestellt. Noch deutlicher lassen sich die Trocknungsabschnitte für kapillarporöse Güter mit hygroskopischem Bereich anhand der Trocknungsgeschwindigkeiten erkennen.

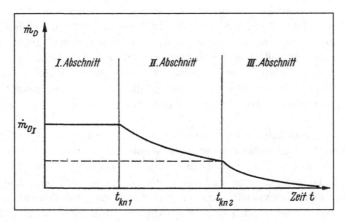

Abbildung 2.7 Charakteristischer zeitlicher Verlauf der Trocknungsrate eines kapillarporösen Gutes mit hygroskopischen Bereich (Krischer und Kast 1978)

Im ersten Trocknungsabschnitt von Abbildung 2.7 ist eine konstante Trocknungsrate zu erkennen. Diese stellt gleichzeitig die maximale Trocknungsrate dar. Sie wird durch Entfernen von Feuchtigkeit an der Oberfläche dominiert. Solange eine ausreichende Flüssigkeitsmenge aus den Poren innerhalb des Guts an die Oberfläche nachgeliefert werden kann (vgl. Abschnitt 2.2.4.7), bleibt eine konstante Trocknungsrate bestehen.

Im zweiten Trocknungsabschnitt kann nicht mehr genügend Wasser an die Oberfläche nachgeliefert werden. Der Druckunterschied von den kleinen Kapillaren an der Oberfläche zu den größeren Kapillaren innerhalb des Guts reicht nicht mehr aus, um den Strömungswiderstand zur Nachförderung des Wassers von den großen zu den kleinen Kapillaren aufrecht zu erhalten. Die Feuchtigkeit wird nicht mehr an der Oberfläche entfernt, sondern der Trocknungsspiegel sinkt kontinuierlich ins Innere des Guts ab. Der eingehende Wärme- sowie der ausgehende Stoffstrom müssen nun gewisse Widerstände überwinden. Daher nimmt die Trocknungsrate mit sinkendem Trocknungsspiegel ab. Für den Wärmestrom ergibt sich ein Widerstand, welcher durch die Wärmeleitung innerhalb der bereits getrockneten Gutsschicht dominiert ist. Für den Stoffstrom ergibt sich ein Diffusions- bzw. Strömungswiderstand, welcher durch die poröse Kapillarstruktur des Guts bestimmt wird.

Im dritten Trocknungsabschnitt sind die Kapillaren des Guts bereits von der Feuchte befreit. Weiteres Wasser kann nur noch aus den geschlossenen Kapillaren oder aus chemischer Bindung entfernt werden. Dieser Bereich ist für die Trocknung der Gipskartonplatten kritisch, da bei Trocknung dieser Restfeuchten die Zerstörung der Platte eintritt. Erreicht der Gipsstein (Calciumsulfat-Dihydrat) zu hohe Temperaturen wird er zu abbindefähigem Gipspulver (Calciumsulfat-Subhydrat). Es ist also produktionstechnisch erstrebenswert, nicht über den zweiten Trocknungbschnitt hinaus zu trocknen.

Der charakteristische Trocknungsverlauf lässt sich auch dimensionslos darstellen. Die dimensionslose Feuchte η wird aus der Differenz der Feuchte X und der Gleichgewichtsfeuchte X_{gl} gebildet und mit der Differenz aus der Knickpunktfeuchte X_{Kn} zur Gleichgewichtsfeuchte normiert.

Die dimensionslose Trocknungsrate $\dot{\nu}$ ist die Trocknungsrate $\dot{m}_D$ normiert mit der maximalen und anfänglichen Trocknungsrate $\dot{m}_{DI}$.

$$\eta = \frac{X - X_{gl}}{X_{Kn} - X_{gl}} \tag{2.6}$$

$$\dot{\nu} = \frac{\dot{m}_D}{\dot{m}_{DI}} \tag{2.7}$$

Abbildung 2.8
Dimensionsloser
Trocknungsverlauf in
Anlehnung an (Krischer
und Kast 1978)

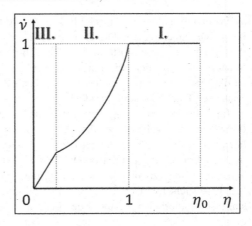

Mit der normierten Darstellung lassen sich verschiedene Trocknungsgüter miteinander vergleichend darstellen. Es ist aber darauf zu achten, dass bei demselben Trocknungsgut die Knickpunktfeuchte mit den der Trocknungsrate variiert.

2.1.4.5 Einfluss der Kartonschicht

Gipskartonplatten zeichnen sich durch die aufgeklebte Kartonschicht auf der Ober- und Unterseite sowie an der Längskante des Gipses aus. Diese Schicht schränkt den Stoffaustausch mit der Trocknerluft erheblich ein. Diese Kartonschicht hat einen Wasserdampfdiffusionswiderstandskoeffizienten μ in Abhängigkeit des Feuchtegehalts zwischen $3\ldots7$. Der Einfluss des Wasserdampfdiffusionswiderstandskoeffizienten ist in Abschnitt 2.2.4.6 genauer beschrieben. Dieser hängt von der Feuchte und der Beschaffenheit des Kartons ab. In dieser Arbeit wird angenommen, dass die Diffusion daher eine untergeordnete Rolle für die Abschätzung der Trocknungsraten spielt. Des Weiteren ist der eingehende Wärmestrom im relevanten Temperaturbereich der dominierende Einfluss (vgl. (Krischer und Kast 1978)).

2.1.4.6 Umgebungsbedingungen im Trockner

In industriellen Anlagen werden Trockner mit Gasbrennern eingesetzt welche das heiße Rauchgas über sogenannte Düsenkästen an die Gipskartonplatte führen. Abbildung 2.9 zeigt eine schematische Darstellung des Trockners. Der zeitliche Verlauf der Gutstemperatur und der Gastemperatur sind in Abbildung 2.10 zu erkennen. Weitere Daten stehen dem Projektpartner zur Verfügung.

Typische industrielle Trockner (vgl. Abbildung 2.9) sind in drei (v. L. n. R.) Zonen aufgeteilt. In der ersten Zone wird die Gipskartonplatte im Gegenstrom zur

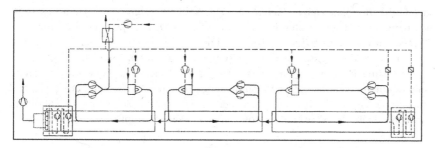

Abbildung 2.9 Fließschema einer Gipskartonplattentrocknungsanlage (Kast 1989)

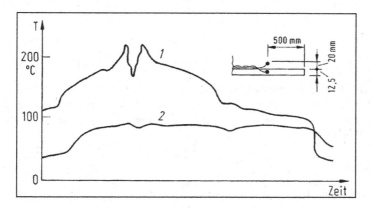

Abbildung 2.10 Temperaturverlauf in einen Produktionstrockner aufgezeichnet mit „Schleppelementen" 1 Lufttemperatur; 2 Temperatur in Plattenmitte (Kast 1989)

Fahrtrichtung überströmt. Am Ende der ersten Zone sowie am Anfang der zweiten Zone sind sogenannte Düsenkästen verbaut, welche die erhitzten Brennergase im Trocknerraum verteilen. In Zone 2 und 3 werden die Platten mit der Bewegungsrichtung überströmt. In Zone 3 wird das Temperaturniveau gesenkt um das Produkt vor übermäßiger Trocknung zu schützen. Nach Abschätzungen des Projektpartners ist die Bewegungsgeschwindigkeit der Produkte mit ca. $0,5\frac{m}{s}$ als vernachlässigbar gegenüber der Strömungsgeschwindigkeit der Luft mit ca. $10\frac{m}{s}$ anzunehmen.

Wie in Abbildung 2.10 zu erkennen ist, liegt die Trocknerluft in weiten Teilen des Prozesses über 150°C. Die Gutstemperatur liegt dabei nach einer Aufwärmphase stets nah an 100°C. Dabei ist zu berücksichtigen, dass die Temperaturmessung innerhalb des Gipskerns liegt welcher als kühlster Punkt der Gipskartonplatte anzunehmen ist. Des Weiteren zeigen Messdaten des Projektpartners Gutstemperaturen zwischen $95\dots100,5°C$ je nach Position der Temperaturmessung während des Trocknens. Damit ist die Annahme einer Verdampfung des Wassers bei diesen Temperaturen im Gips gerechtfertigt.

Die Umgebungsbedingungen im Versuchstrockner des Forschungsprojekts sind definiert einstellbar. Zu den Parametern gehören die Beladung, die Temperatur und die Geschwindigkeit der Luft zur Überströmung[4] der Platte. Der aktuelle Aufbau erlaubt die Verwendung von Luft und Wasserdampf (siehe Tabelle 2.2).

Tabelle 2.2 Trocknungsparameter des Versuchstrockners

Parameter	Minimalwert	Maximalwert	Einheit
Lufttemperatur	100	250	°C
Beladung	5	300	g/kg
Strömungsgeschwindigkeit	0	7,1	m/s

2.1.4.7 Reale Trocknungsraten

Eine Messung im Versuchstrockner konnte bereits Daten zum Trocknungsprozess liefern. Die Messwerte werden in diesem Abschnitt dargestellt und interpretiert (siehe Tabelle 2.3).

Tabelle 2.3
Trocknungsparameter der
ersten Versuchstrocknung

Parameter	Wert	Einheit
Lufttemperatur	150	°C
Beladung	40	g/kg
Strömungsgeschwindigkeit	6,71	m/s
Trockenes Plattengewicht	1,073	kg
Feuchtes Plattengewicht	1,835	kg
Plattenstärke	12,5	mm
Gipskartonplattenfläche	0,1482	m^2

Die verwendete Gipsplatte hat ein Anfangsgewicht von $m_F = 1,835$kg und ein Trocken-Endgewicht von $m_{tr} = 1,073$kg. Damit lässt sich auf die Anfangsfeuchte X_A (Gl. (2.1)), die Porosität Ψ (Gl. (2.2)) und die Dichte ρ_{GKB} (Gl. (2.3))

---

[4] Es ist beabsichtigt, eine Möglichkeit zur Prallstrahlbeströmung hinzuzufügen, dies ist aber noch nicht abgeschlossen.

schließen.

$$X_A = \frac{m_f}{m_{tr}} = \frac{m_F - m_{tr}}{m_{tr}} = 75{,}7\%$$

$$\Psi = \frac{X_{max}(2\,s_K\,\rho_K + \rho_{GS}\,s_G)}{s_G(\rho_W + X_{max}\,\rho_{GS})} = 65{,}2\%$$

$$\rho_{GKB} = (1 - \Psi)\rho_{GS} = 805{,}6\frac{kg}{m} \approx \rho_G$$

Der Versuchstrockner regelt die Lufttemperatur und die Beladung auf die Sollwerte. Der Querstromventilator erzeugt eine annährend konstante Strömungsgeschwindigkeit. Das Gipsplattengewicht wird durch eine Wägeeinheit aufgenommen. Vibrationen und die Überströmung lassen den Messwert schwanken. Daher wird eine Glättungskurve über die Messdaten gelegt. Die Feuchte kann durch die Definition der Gleichung (2.1) berechnet werden. Die Anfangsfeuchte von $75{,}7\%$ entspricht circa dem erwarteten Wert. Die Messergebnisse werden in den Abbildung 2.11 und 2.12 dargestellt.

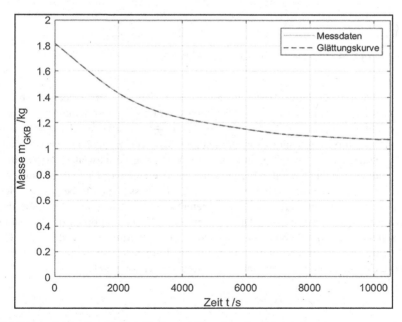

Abbildung 2.11 Gewicht der Gipskartonplatte über der Zeit

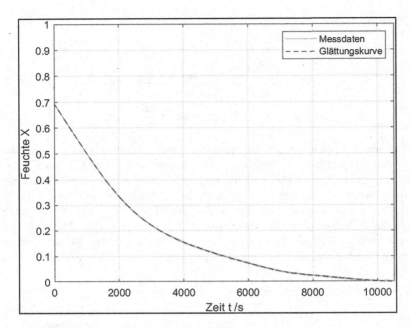

Abbildung 2.12 Feuchte der Gipskartonplatte über der Zeit

Aus dem Verlauf der Trocknungsrate lassen sich die verschiedenen Trocknungsabschnitte herauslesen. Die Trocknungsrate im ersten Trocknungsabschnitt entspricht ca. $\dot{m}_{DI} = 1,4 \times 10^{-3} \frac{kg}{m^2 s} = 5,04 \frac{kg}{m^2 h}$. Im zweiten Trocknungsabschnitt nimmt die Trocknungsrate stark ab, der Trocknungsspiegel sinkt unterhalb die Kartonschicht in den Gips hinein. Beim Übergang vom zweiten zum dritten Trocknungsabschnitt ist ein weiterer Knickpunkt erkennbar. Die Trocknungsrate sinkt weiter ab und die Lösung von gebundenem Wasser müsste beginnen. Dies ist jedoch anzuzweifeln, da ein unerwarteter weiterer Knickpunkt am Ende der Aufzeichnung zu erkennen ist. Dieser könnte durch einen Abbruch der Messung (Abschalten der Ventilatoren oder der Heizregister) verursacht worden sein. Da der dritte Trocknungsabschnitt jedoch für die Berechnungen keine Rolle spielt wird die Ursache oder Interpretation an dieser Stelle offen gelassen.

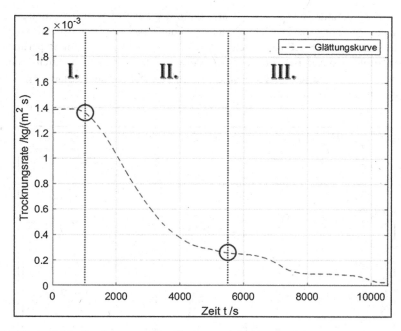

Abbildung 2.13 Trocknungsrate der Gipskartonplatte über der Zeit

Industriell hergestellte Gipskartonplatten werden nur bis zu einem Feuchtege-halt von ca. 22% getrocknet. Dies wäre im Versuchstrockner nach 50min = 3000s der Fall gewesen. In Tabelle 2.4 werden die Eckdaten der Trocknung dargestellt.

Tabelle 2.4 Anteile der Trocknungsabschnitte an der gesamten Trocknung

Trocknungs-abschnitt	Verdampfte Wassermasse	Knickpunktzeit	Knickpunkt-feuchte	Anteil des Trocknungsab-schnitts an der Trocknung
I.	0,2225 kg	1000s = 16min40s	50,3%	29,19%
II.	0,4735 kg	6400s = 106min40s	Ca.7%	62,11%
III.	0,0664 kg	Ende10527s = 175min	–	8,7%

In der Literatur ist neben der Darstellung der Feuchte oder Trocknungsrate über der Zeit auch die Darstellung der Trocknungsrate über der Feuchte üblich (vgl. Abbildung 2.8). Eine Gleichgewichtsfeuchte wird in diesem Experiment nicht erreicht, daher ist eine dimensionslose Darstellung nicht möglich. Schematisch lassen sich jedoch die Kurven aus Abbildung 2.8 und Abbildung 2.13 vergleichen.

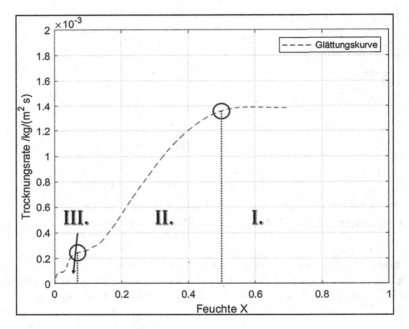

Abbildung 2.14   Trocknungsrate über der Feuchte

In Abbildung 2.14 ist die Trocknungsrate der ersten Trocknungsmessung über der Feuchte dargestellt. Die Grafik ist um die schematisch erwarteten Trocknungsraten aus Abbildung 2.8 ergänzt. Anhand der Knickpunkte sind die Trocknungsabschnitte eingetragen. Es ist zu beachten, dass die Kurve zeitlich von einer hohen Feuchte und Trocknungsrate zu einer niedrigen Feuchte und Trocknungsrate verläuft.

Im Bereich des ersten Trocknungsabschnitts lässt sich eine annähend konstante Trocknungsrate in der Messung und in dem typischen Verlauf des Diagramms erkennen. Im Bereich des zweiten Trocknungsabschnitts zeigen die Messwerte

eine fallende Trocknungsrate aber mit einem deutlich weicheren Übergang als
er von dem schematischen Verlauf zu erwarten wäre. Dies hängt möglicherweise mit der Auswertung der Daten über eine Glättungskurve zusammen. Daher
ist die Knickpunktfeuchte vom ersten zum zweiten Trocknungsabschnitt nicht
sauber definierbar. Über die Abnahme der Feuchte nähren sich der gemessene
und der schematische Verlauf an. Der zweite Kickpunkt zwischen zweitem und
dritten Trocknungsabschnitt lässt sich etwas präziser definieren. Durch die nied-
rigere Trocknungsrate sind dort mehr Messpunkte vorhanden, welche in der
Glättungskurve stärkere Änderungen beschreiben können. Im dritten Trocknungsabschnitt unterscheiden sich die Trocknungsraten deutlicher. Im schematischen
Verlauf wäre ein linearer Zusammenhang aus Feuchte und Trocknungsrate erwar-
tet worden, die Messergebnisse zeigen aber einen weiterhin stufigen Verlauf
der Trocknung. Für die Trocknung von Gipskartonplatten ist der dritte Trocknungsabschnitt nicht weiter relevant weswegen an dieser Stelle auf eine Tiefe
Interpretation der Verläufe und deren mögliche Ursachen verzichtet wird.

2.2   Wissenschaftliche Grundlagen

In den folgenden Abschnitten sollen die physikalischen Grundlagen der Trocknungstechnik in Bezug auf die Gipskartonplattentrocknung näher erläutert
werden. Diese beschrieben Grundlagen beziehen sich teils auf die Berechnungsmodelle, welche in den Abschnitten 3.1, 3.2 und 4.1.1 vorgestellt werden.

2.2.1   h-x-Diagramm

Im Laufe des Trocknungsprozesses nimmt die überströmende Trocknerluft Wasser von der Gipskartonplatte auf. Die Zusammensetzung der Luft ist also
veränderlich und zieht eine Zustandsänderung mit sich. Die Darstellung der
Zustandsänderungen der feuchten Luft wird häufig aufgrund der Anschaulichkeit
im h-x-Diagramm dargestellt. Ausführliche Ausführungen und Erklärungen zum
Aufbau des Diagramms finden sich in der Literatur (Häussler W. 1973; Krischer
und Kast 1978). Im Folgenden werden die für den Versuchstrockner relevanten Zustandsänderungen der Luft mit Wasserdampf dargestellt. Ein detailliertes
h-x-Diagramm ist im elektronischen Zusatzmaterial angefügt.

2.2.1.1 Berechnung der Kühlgrenztemperatur

Wird eine feuchte Oberfläche trockener Luft ausgesetzt, verdunstet das Wasser aufgrund der Partialdruckunterschiede des Wasserdampfes in der Luft und einer angenommenen Wasserdampfschicht über der feuchten Oberfläche. Findet dieser Prozess adiabat (ohne Zuführung von Energie von außen) statt, stellt sich eine Kühlgrenztemperatur an der feuchten Oberfläche ein. Diese Anschauung ist eine Vereinfachung für das Stoffsystem Luft und Wasserdampf und Lufttemperaturen unterhalb von 250°C. Eine Abweichung zur echten Oberflächentemperatur von bis zu 0...4K ist unter dieser Annahme möglich.

Die sich real einstellende Oberflächentemperatur kann in Abhängigkeit der Temperatur- und Konzentrationsgrenzschicht sowie des Strömungsregimes berechnet werden (Krischer und Kast 1978). Dieses Verfahren ist deutlich komplexer als die Bestimmung der Kühlgrenztemperatur und zeigt zu den oben genannten Bedingungen nur leichte Abweichungen von dieser. Dabei beschreibt die Kühlgrenztemperatur den Gleichgewichtszustand und die Oberflächentemperatur den dynamischen Zustand durch den Strömungseinfluss.

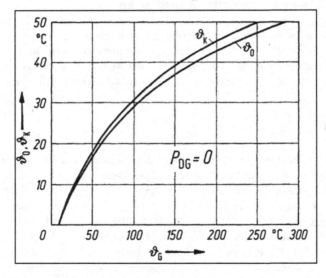

Abbildung 2.15 Oberflächen- und Kühlgrenztemperatur bei der Verdunstung von Wasser in trockner Luft in Abhängigkeit der Lufttemperatur (Krischer und Kast 1978)

Die Abweichungen der Kühlgrenztemperatur (hier: ϑ_K) zur Oberflächentemperatur ϑ_O sind in Abbildung 2.15 für variierende Lufttemperaturen (hier: ϑ_G) von trockner Luft (P_{DG} = 0Pa) dargestellt. Im realen Versuch weicht die Oberflächentemperatur ϑ_O von der Kühlgrenztemperatur ab.

Die Bestimmung der Kühlgrenztemperatur wird durch das h-x-Diagramm in Abbildung 2.16 schematisch dargestellt. Die feuchte Umgebungsluft hat eine spezifische Enthalpie h_1 am Punkt 1. Ohne zugeführte Energie von außen bewegt sich die Zustandsänderung durch die Aufnahme von Feuchtigkeit auf der Graden konstanter Enthalpie (h = konst.) bis zu Punkt 2, der maximalen Sättigung der Luft. Die gesättigte Luft stellt den vom System erstrebten Gleichgewichtszustand dar und ist auf die Kühlgrenztemperatur abgesunken. Des Weiteren wird durch diese Beschreibung deutlich, dass die Kühlgrenztemperatur nur von dem eingehenden Zustand der Luft abhängt und nicht vom Zustand der feuchten Oberfläche.

Diese Temperatur wird als Kühlgrenztemperatur ϑ_K bezeichnet und stellt den Gleichgewichtszustand zwischen Luft und feuchtem Gut dar. Sie wird vor allem in der angelsächsischen Literatur als adiabatische Sättigungstemperatur bezeichnet.

(Krischer und Kast 1978)

In diesem Punkt ist der Ausgleich des Partialdrucks zwischen feuchter Oberfläche und der vorbeiströmenden Luft abgeschlossen. Die Überführung des flüssigen Wassers in den gasförmigen Zustand ohne Zuführung von Energie hat eine Absenkung der Temperatur zu Folge. Die am Punkt 2 erreichte Temperatur entspricht der Kühlgrenztemperatur.

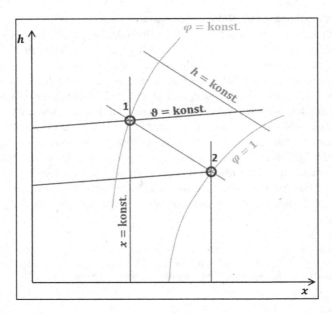

Abbildung 2.16 h-x-Diagramm, Bestimmung der Kühlgrenztemperatur; (1) Anströmzustand, (2) Kühlgrenzzustand

Die Enthalpie h lässt sich auch als Summe der Enthalpien der Stoffkomponenten Luft und Wasserdampf verstehen.

$$h = \left(c_{P,L}(\vartheta_n) + x_n c_{P,D}(\vartheta_n)\right) \vartheta_n = \left(c_{P,L}(\vartheta_{n+1}) + x_{n+1} c_{P,D}(\vartheta_{n+1})\right) \vartheta_{n+1} \quad (2.8)$$

Durch die Zustandsänderung ändert sich die Enthalpie nicht. Die Beladung x erhöht sich, die relative Luftfeuchte φ wird gleich 1 und daher muss die Temperatur absinken. Die spezifische isobare Wärmekapazität von Gasen c_p ist im Allgemeinen temperaturabhängig. Der Sättigungsdampfdruck $P_{D,satt}$ ist im besonderen Maße von der Temperatur ϑ und dem absoluten Druck P abhängig.

$$x = \frac{0,622}{\dfrac{P}{\varphi P_{D,satt}(\vartheta)} - 1} \quad (2.9)$$

$$\Rightarrow \vartheta_{n+1} = \cfrac{h}{\left(c_{P,L}(\vartheta_{n+1}) + \left(\cfrac{0{,}622}{\cfrac{P}{\varphi_{n+1}\, P_{D,\text{satt}}(\vartheta_{n+1})} - 1} \right)_{n+1} c_{P,D}(\vartheta_{n+1}) \right)} \qquad (2.10)$$

Daher ist ein iteratives Verfahren notwendig, um die Temperatur für den Zustand am Punkt 2 zu ermitteln. Die in dieser Arbeit erstellte Software[5] ermöglich die Lösung der Gleichung. In Abbildung 2.17 werden für verschiedene Beladungen die Kühlgrenztemperaturen über die Lufttemperatur dargestellt[6].

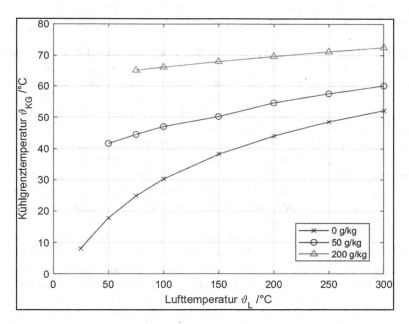

Abbildung 2.17 Kühlgrenztemperaturen bei verschiedenen Lufttemperaturen und Beladungen

[5] Weitere Details zur Software sind im Anhang 9.1 im elektronischen Zusatzmaterial zu finden.

[6] Diese Ergebnisse decken sich mit dem Vaisala Feuchterechner 3.1 und den Daten aus Abbildung 2.15 für die Kühlgrenztemperatur.

2.2.1.2 Relative Luftfeuchte über Kapillaren

Kelvin's Law Gl. (2.11) beschreibt den Einfluss des Kapillarradius auf die relative Luftfeuchtigkeit φ über dem Meniskus einer zylindrischen Kapillare mit Radius r (vgl. (Hagentoft et al. 2004)).

$$\varphi = \exp\left(-\frac{2\sigma}{r}\frac{M_W}{RT\rho_W}\right) \qquad (2.11)$$

Der Einfluss der relativen Luftfeuchtigkeit über dem Kapillaren wird in dem vorgestellten Berechnungsmodell vernachlässigt, könnte aber in dem Kickpunktmodell, welches in Abschnitt 4.1.1 vorgestellt wird, berücksichtig werden.

2.2.1.3 Einfluss der Sorptionsisothermen auf das h-x-Diagramm

Der durch die Sorptionsisotherme (vgl. Abbildung 2.3) gegebene Zusammenhang zwischen relativer Luftfeuchte und Feuchtegehalt des Gutes lässt sich im h-x-Diagramm berücksichtigen. Das Gut ist dann in einem anderen Zustandspunkt mit der Umgebungsluft im Gleichgewicht. Der Einfluss des Guts auf das Gleichgewicht kann wie folgt beschrieben werden:

An einer feuchten Oberfläche strebt die Luft einen gesättigten Zustand an, daher erreicht diese in diesem Fall eine relative Luftfeuchte von $\varphi = 1$. Die Sorptionsisotherme beschreibt die Feuchtigkeitsaufnahme aus der Luft und steigt mit der relativen Luftfeuchtigkeit an. Daher entzieht das Gut der gesättigten Luft Feuchte. Die feuchte Luft und das Gut befinden sich in einem anderen Gleichgewichtszustand als im klassischen h-x-Diagramm angenommen.

Es ergeben sich für eine bestimmte Gutsfeuchte $X = const.$ Kurven, bei denen die relative Luftfeuchte φ mit der Temperatur zunimmt. Liegt der Zustand der Trocknungsluft über der Kurve konstanter Gutsfeuchte kann das Gut getrocknet werden. Liegt der Luftzustand unterhalb der Kurve konstanter Gutsfeuchte nimmt das Gut weitere Feuchte aus der Luft auf (vgl. (Krischer und Kast 1978)).

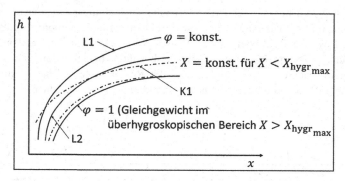

Abbildung 2.18 Kurven gleicher Gutsfeuchtigkeit X=const im h-x-Diagramm in Anlehnung an (Krischer und Kast 1978)

In Abbildung 2.18 wird das h-x-Diagramm für feuchte Luft schematisch dargestellt. Eine Kurve konstanter Gutsfeuchte $X = $ **const** ist als K1 bezeichnet. Liegt die relative Luftfeuchte über der Kurve der Gutsfeuchte (Luftzustand L1) kann das Gut getrocknet werden. Liegt die relative Luftfeuchte unterhalb der Kurve der Gutsfeuchte (Luftzustand L2) nimmt das Gut weitere Feuchte aus der Luft auf.

Die Kurve konstanter Gutsfeuchte ist für Gipskartonplatten nicht bekannt und kann daher nicht quantitativ in das Diagramm eingefügt werden. Der Einfluss kann bei der Verdunstungstrocknung relevant sein wird aber im weiteren Verlauf der Arbeit vernachlässigt. Bei der Verdunstungstrocknung wird nicht von einem Material, sondern von einer benetzten Oberfläche ausgegangen welche ein solches Verhalten nicht zeigt.

2.2.2 Grenzschichttheorie

Die Gipskartonplatten werden im Trockner längsüberströmt und zeigen dadurch Ähnlichkeiten zum idealisierten Fall der „überströmten Platte". Für diesen Idealfall sind wichtige Zusammenhänge zur Wärme- und Stoffübertragung untersucht worden (VDI-Wärmeatlas 2013; Krischer und Kast 1978). Um die Vorgänge zwischen der Gipskartonplatte und der Trocknerluft besser zu verstehen, wird daher auf den Idealfall zurückgegriffen und die übertragbaren Zusammenhänge werden herausgearbeitet.

Das Strömungsregime für den relevanten Anwendungsbereich lässt sich in den laminaren, den Übergangs- und den turbulenten Bereich einordnen und wird über die Reynolds-Zahl überströmter Platten Re beschrieben. Die Strömungsgeschwindigkeit w und die kinematische Viskosität v haben zusammen mit der Lauflängenvariable x einen Einfluss auf die Reynolds-Zahl. Eine schmatische Darstellung der Strömungsregime ist in Abbildung 2.19 zu erkennen.

$$Re = \frac{wx}{v} \tag{2.12}$$

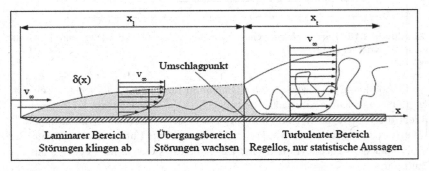

Abbildung 2.19 Grenzschichtentwicklung an einer ebenen Platte (Wenger Engineering GmbH 2021)

Die Reynolds-Zahl steigt mit der Länge der Platte und kommt nach einer gewissen Strecke x_l am Umschlagpunkt an. Ab diesem Punkt schlagen die Strömungsschichten des laminaren Bereichs in turbulenten Queraustausch um. Dieser Punkt kann über die kritische $Re_{krit.} = 3 \cdot 10^5 \ldots 5 \cdot 10^5$ eingegrenzt werden, ist aber stark von der anfänglichen Turbulenz der Strömung abhängig.

Im laminaren Bereich lassen sich die Grenzschichten der Strömung, der Konzentration und der Temperatur als Grenzschichten verschiedener Schichtstärken beschrieben. Dabei ist zu berücksichtigen, dass im realen Versuch oft eine Anlaufstrecke x_0 zu berücksichtigen ist und sich die Konzentrations- sowie die Temperaturgrenzschicht erst über dem Trocknungsgut ausbilden.

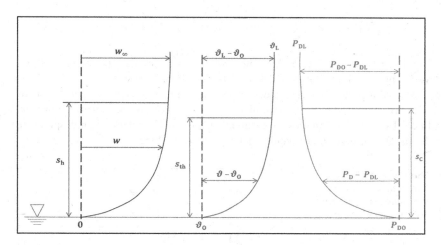

Abbildung 2.20 Ausgebildete Grenzschichten der Strömung, Temperatur und Konzentration im laminaren Bereich

Bei ausgebildeter laminarer Strömung lassen sich die Grenzschichten wie in Abbildung 2.20 beschreiben. Die Strömung hat eine hydrodynamische Grenzschicht zur Oberfläche ausgebildet. Die Geschwindigkeit der Oberfläche beträgt aufgrund der Wandhaftungsbedingung $0\,\frac{m}{s}$. Im entfernten Stromfeld hat die Luft die Strömungsgeschwindigkeit w_∞. Innerhalb der hydrodynamischen Grenzschicht s_h ist die Strömungsgeschwindigkeit w vom Oberflächenabstand abhängig.

Die analoge Betrachtung gilt für die Temperaturgrenzschicht mit der Oberflächentemperatur ϑ_O, die Fernfeldtemperatur ϑ_L, die thermische Grenzschicht s_{th} mit der abhängigen Temperaturdifferenz $\vartheta - \vartheta_O$. Für die Beschreibung der Konzentrationsgrenzschicht gelten die partialen Dampfdrücke der Luft. An der Oberfläche hat die Luft den partialen Dampfdruck P_{DO} und im weit entfernten Feld den partialen Dampfdruck der Luft P_{DL}. Für die relevanten Szenarien der Trocknung liegt der Dampfpartialdruck der Luft unter dem Dampfpartialdruck der Oberfläche. Innerhalb der Konzentrationsgrenzschicht s_c ist der Dampfpartialdruck $P_D - P_{DL}$ von dem Oberflächenabstand abhängig.

Für die Grenzschichtdicken der hydrodynamischen Grenzschicht s_h, die thermische Grenzschicht s_{th} und die Konzentrationsgrenzschicht s_c gelten die folgenden Zusammenhänge:

$$\frac{s_h}{s_{th}} = \left(\frac{a}{\nu}\right)^{\frac{1}{3}} = Pr^{\frac{1}{3}}; \frac{s_h}{s_c} = \left(\frac{\nu}{\delta}\right)^{\frac{1}{3}} = Sc^{\frac{1}{3}}; \frac{s_{th}}{s_c} = \left(\frac{a}{\delta}\right)^{\frac{1}{3}} = \left(\frac{Sc}{Pr}\right)^{\frac{1}{3}} = Le^{\frac{1}{3}}$$

Die Lewis-Zahl Le ist in Abschnitt 3.1.1 von Relevanz und beschreibt das Verhältnis von Temperatur- und Konzentrationsgrenzschicht.

Im turbulenten Bereich lassen sind keine definierten Schichten mehr unterscheiden, da sich die Stromfäden nicht mehr in Schichten übereinander bewegen. In der Literatur wird in diesem Zusammenhang von Turbulenzballen gesprochen, die im Queraustausch zueinander stehen (vgl. Abbildung 2.21).

Abbildung 2.21 Wärme-
und Stoffaustausch bei
vollkommener Turbulenz
(Krischer und Kast 1978)

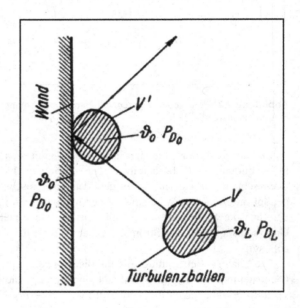

In den folgenden Kapiteln wird besonders auf den Wärmeübergang und auf den Stoffübergang eingegangen. Im Anschluss wird der Wärme- und Stoffaustausch als zusammenhängender physikalischer Ablauf in der Trocknungstechnik beschrieben.

2.2.3 Wärmeübergang

Grundsätzlich wird in drei Arten der technischen Wärmeübergänge unterteilt: Wärmestrahlung, Wärmeleitung und konvektiver Wärmeübergang. Der konvektive Wärmeübergang lässt sich in freie und erzwungene Konvektion unterteilen. Es folgt eine kurze Beschreibung der Übergangsformen:

- Wärmestrahlung
  Die Energie der Wärmestrahlung wird durch elektromagnetische Wellen von allen Körpern, im relevanten Temperaturbereichen der Trocknung, ausgestrahlt und absorbiert. Es kann von relevanten Einflüssen durch die Wärmestrahlung ausgegangen werden, wenn zwei Körper starke Temperaturunterschiede aufweisen und es große Flächen für den Austausch der Strahlung gibt. Im Trockner sind die meisten Gipsplatten von anderen Gipsplatten umgeben, z.b. auf allen Bahnen die nicht die äußersten, unterste oder oberste sind. Die Gipsplatten haben dort annäherungsweise dieselbe Temperatur[7]. An den Positionen der Düsenkasten gibt es kleine Düsenkastenflächen mit einer großen Temperaturdifferenz. Der Strahlungsaustausch ist an diesen Positionen zeitlich und durch die verhältnismäßig kleine Oberfläche des Düsenkasten begrenzt. Daher wird der Strahlungsaustausch bei der Berechnung der Gipsplattentrocknung vernachlässigt.
- Wärmeleitung
  Der Energietransport durch Wärmeleitung ist bei der Berechnung der Gipsplattentrocknung zu berücksichtigen. Die eingebrachte Wärme wird über Wärmeleitung innerhalb der Platte verteilt. Dabei ist davon auszugehen, dass besonders in der Aufheizphase des Gutes Temperaturdifferenzen zwischen Oberfläche und Kern der Gipskartonplatte bestehen. Im Berechnungsmodell „sinkender Trocknungsspiegel" wird die Wärmeleitung innerhalb der verschiedenen Schichten berücksichtigt.
  Als weiterer Einfluss der Wärmeleitung sind die Transportrollen innerhalb des Trockners einzuschätzen. Die Kontaktfläche einer Rolle und der Gipskartonplatte ist relativ gering im Verhältnis zur Gipskartonplattenfläche. Der Austritt der Düsenkästen ist so ausgerichtet, dass der Hauptteil der Strömung über die Gipskartonplatte strömt, aber auch an die Unterseite der Rollen Wärme übertragen könnte. Eine genauere Analyse der Wärmeübertragung von den Transportrollen auf die Gipskartonplatten ist im Rahmen dieser Arbeit nicht vorgesehen und wird daher als vernachlässigbar angenommen.

---

[7] Die Strahlung durch Gase wird hier nicht berücksichtigt.

- Konvektion
  Die Konvektion lässt sich in freie und erzwungene Konvektion unterscheiden. Als freie Konvektion werden Wärmeübergänge bezeichnet die sich aufgrund von Dichteunterschieden selbst ständig einstellen. Als erzwungene Konvektion werden die Wärmeübergänge bezeichnet, die sich aufgrund von äußeren Druckunterschieden oder eingetragenen Impulsen einstellen.

  o Freie Konvektion
    Dichteunterschiede zwischen dem Umgebungsgas und dem Gas an der Oberfläche der Gipskartonplatte, hängt mit der Zusammensetzung und der Temperaturen der Gase zusammen. In einer überschlägigen Rechnung für einen typischen Betriebspunkt zeigt sich der Einfluss auf den Wärmeübergang jedoch mit ca. $0,5\%$ als vernachlässigbar klein für technische Anwendungen.

  o Erzwungene Konvektion
    Die erzwungene Konvektion hat bei der Wärmeübertragung zwischen Gipskartonplatte und Umgebungsluft den dominanten Einfluss (vgl. (Krischer und Kast 1978)). Daher wird die erzwungene Konvektion im Abschnitt 2.2.3.2 näher beschrieben. Die erforderlichen äußeren Druckunterschiede werden durch Ventilatoren erzeugt.

2.2.3.1 Wärmeleitung

Das Grundgesetz der Wärmeleitung sagt aus, dass die geleitete Wärmeleistung $\dot{Q}_L$ in einem Körper über die Wärmeleitfähigkeit λ beschrieben werden kann.

$$\dot{Q}_L = A\lambda \frac{\vartheta_n - \vartheta_{n+1}}{s} \qquad (2.13)$$

Befindet sich der Körper im stationären Zustand und ist er mit zwei unterschiedlichen Temperaturen ϑ_1 und ϑ_2 beaufschlagt, so ist ein linearer Temperaturverlauf über die Abmessung des Festkörpers s zu verzeichnen.

Im Modell des „sinkenden Trocknungsspiegels" werden zwei verschiedene Arten von instationären Wärmeleitungen verwendet. Diese werden in den folgenden Abschnitten näher erläutert.

2.2.3.1.1 Instationäre Wärmeleitung

Bei der instationären Wärmeleitung ist eine der Größen aus Gleichung (2.13) von der Zeit abhängig.

1. Beispiel: Erwärmung eines Festkörpers
   Wird ein Festkörper von außen erwärmt, ändert sich seine Temperatur nicht homogen, sondern zuerst steigt die Temperatur an der Oberfläche ϑ_O und anschließend die Temperatur im Kern ϑ_K durch Wärmeleitung. Für ein Volumenelement ergibt sich somit die Differentialgleichung (2.15) im eindimensionalen Fall. Die zeitliche Temperaturänderung dT/dt hängt von der Temperaturleitfähigkeit a und der Temperaturdifferenz ΔT ab.

$$\dot{Q}_L = A\lambda \frac{\vartheta_O(t) - \vartheta_K(t)}{s} \tag{2.14}$$

$$c\rho \frac{dT}{dt} - \lambda \frac{\Delta T}{\Delta x} = 0 \leftrightarrow \frac{dT}{dt} = \frac{\lambda}{c\rho\Delta x}\Delta T = a\frac{\Delta T}{\Delta x}$$

$$dT = a\frac{\Delta T}{\Delta x}dt \tag{2.15}$$

2. Beispiel: Sinkender Trocknungsspiegel
   Wird in einem System, welches durch Wärmeleitung dominiert ist, Wasser verdampft und senkt sich der Trocknungsspiegel ab, ändert sich auch der Abstand s der beiden Bezugstemperaturen ϑ_O und ϑ_K für die Funktion der Wärmeleitung.

$$\dot{Q}_L = A\lambda \frac{\vartheta_O(t) - \vartheta_K}{s(t)} \tag{2.16}$$

2.2.3.1.2 Grenzfälle theoretischer poröser Medien

Die Wärmeleitung in einem porösen Medium kann durch zwei Stoffe beeinflusst werden. Einerseits ist dies der Feststoff es Mediums, anderseits hat auch das gasförmige oder flüssige Medium in den Poren des Feststoffes einen Einfluss. Dabei kann die Wärmeleitung im Extremfall über eine parallele Anordnung oder eine Reihenanordnung der verschiedenen Phasen geleitet werden. Veranschaulicht werden diese Grenzfälle in Abbildung 2.22.

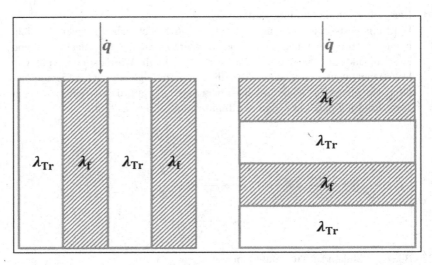

Abbildung 2.22 Theoretische Grenzfälle der Wärmeleitung. (Links: Parallele Anordnung; Rechts: Reihenanordnung)

Der Einfluss der jeweiligen Phase hängt von der Porosität des Mediums ab (vgl. Abbildung 2.23). Gipskartonplatten haben zusätzlich eine Schicht aus Karton an Ober- und Unterseite der Platte. Diese wird bei Literatur- und Messdaten sowie in der Berechnung berücksichtigt.

Die Daten aus (Kast 1989) für trockene Gipskartonplatten lassen sich zwischen die Extremfälle Reihen- und Parallelschaltung einordnen. Die ähnlichen Wärmeleitfähigkeiten von Luft und Wasserdampf erlauben eine gemeinsame Darstellung.

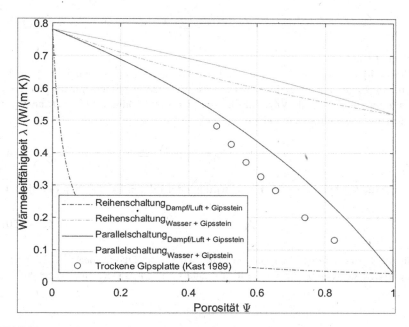

Abbildung 2.23 Grenzwerte der Wärmeleitfähigkeit bei Parallel- und Reihenschaltung von Gipsstein/Wasser und Gipsstein/Dampf-Kombination bei variierender Porosität in Gipskartonplatten (mit Kartonschicht)

2.2.3.2 Erzwungene Konvektion

Neben der Wärmeleitung hat die erzwungene Konvektion einen relevanten Einfluss auf die Abschätzung der Trocknungsvorgänge. Diese wird im Folgenden für die Überströmung einer ebenen Platte eingeführt und bildet damit eine Vereinfachung der realen Strömungsvorgänge im Industrietrockner. Ein Projektpartner, das Labor für Strömungsmesstechnik, erarbeitet eine genauere Darstellung der strömungstechnischen Verhältnisse.

Der Wärmetransport wird über die Temperaturdifferenz von Luft und Oberfläche $\Delta\vartheta$, den Wärmeübergangskoeffizienten α und die Austauschfläche A beschrieben.

$$\dot{Q}_K = \alpha A(\vartheta_L - \vartheta_O) = \alpha A \, \Delta\vartheta \qquad (2.17)$$

Wird ein Flächenelement betrachtet, so kann die Wärmestromdichte als

$$\dot{q}_K = \frac{\dot{Q}_K}{A} = \alpha \, \Delta\vartheta \qquad (2.18)$$

definiert werden.

Für den idealisierten Fall, dass der mittlere Wärmeübergangskoeffizient α_m nicht vom Stoffübergang beeinflusst wird, lässt sich dieser dimensionslos über die gemittelte Nußelt-Zahl Nu_m, die Länge der überströmten Fläche l und der Wärmeleitfähigkeit λ beschreiben.

$$Nu_m = \frac{\alpha_m \, l}{\lambda} \Rightarrow \alpha_m = \frac{Nu_m \, \lambda}{l} \qquad (2.19)$$

Die Wärmeleitfähigkeit λ des Fluids wird bei der Filmtemperatur ϑ_{Film} bestimmt.

$$\vartheta_{Film} = \frac{\vartheta_L + \vartheta_O}{2} \qquad (2.20)$$

Für die Überströmung einer ebenen Platte wird im (VDI-Wärmeatlas 2013) eine empirische Gleichung für den laminaren und turbulenten Bereich angegeben:

$$Nu = \sqrt{Nu_{lam}^2 + Nu_{turb}^2} \qquad (2.21)$$

$$Nu_{lam} = 0,664 Re^{1/2} Pr^{1/3} \qquad (2.22)$$

$$Nu_{turb} = \frac{0,037 Re^{0,8} Pr}{1 + 2,443 Re^{-0,1} \left(Pr^{2/3} - 1\right)} \qquad (2.23)$$

$$Nu_{korr} = Nu \, k_{lam,\,Vorlauf} \, k_{Temp.korr.} \qquad (2.24)$$

Diese Gleichung ist für den Bereich $0,5 < Pr < 2000$ und $10 < Re < 10^7$ gültig.

Bei verschiedenen Feuchten und Temperaturen der Luft kann die Prandtl-Zahl variieren, wobei die Luftzustände im Bereich des Nebels nicht für den Anwendungsfall relevant sind. Einige Eckpunkte sind in Tabelle 2.5 berechnet. Keiner der Punkte unterschreitet bzw. überschreitet den Anwendungsbereich der Gleichung (2.21).

Die im Versuchstrockner maximal zu erwartende Reynolds-Zahl kann bei maximaler überströmter Länge $l = 0,4\mathrm{m}$, minimaler kinematischer Viskosität $\nu = 1,81\mathrm{x}10^{-5}\frac{\mathrm{m}^2}{\mathrm{s}}$ und maximaler Geschwindigkeit von $w = 7,1\frac{\mathrm{m}}{\mathrm{s}}$ bei $Re_{\max} = 1,57\mathrm{x}10^5$ liegen.

Tabelle 2.5 Variation der Prandtl-Zahl in feuchter Luft

Prandtl-Zahl feuchter Luft	$x = 0\frac{\mathrm{g}}{\mathrm{kg}}$	$x = 50\frac{\mathrm{g}}{\mathrm{kg}}$	$x = 300\frac{\mathrm{g}}{\mathrm{kg}}$
$\vartheta_L = 50^\circ C$	0,6523	0,6618	(Nebel)
$\vartheta_L = 100^\circ C$	0,7517	0,7610	0,8213
$\vartheta_L = 250^\circ C$	1,0499	1,0598	1,1351

Die Nußelt-Zahl variiert für den relevanten Reynolds- und Prandtl-Zahlenbereiche wie in Abbildung 2.24 dargestellt. Im Bereich der niedrigen Reynolds-Zahlen spielt die freie Konvektion ggfs. eine Rolle für die Berechnung einer überlagerten Reynolds-Zahl. Der Einfluss kann über das in (Krischer und Kast 1978) dargestellte Verfahren berücksichtigt werden. Im Bereich der technischen Trockner ist der Einfluss vernachlässigbar.

2.2.3.2.1 Einfluss unbeheizter Vorlaufstrecken

Der Einfluss von unbeheizten Vorlaufstecken kann im laminaren Bereich durch einen Faktor $k_{\mathrm{lam,Vorlauf}}$ berücksichtigt werden. Die Reynolds-Zahl Re und die Nußelt-Zahl Nu_{lam} werden dabei mit der Gesamtlänge l berechnet. Die Größe l_0 bezieht sich auf die Länge der beheizten Platte.

$$k_{\mathrm{lam,Vorlauf}} = \frac{\left[1 - \left(1 - \frac{l_0}{l}\right)^{\frac{3}{4}}\right]^{\frac{2}{3}}}{\frac{l_0}{l}} \tag{2.25}$$

Im turbulenten Bereich kann der Einfluss vernachlässigt werden, wenn die Reynolds-Zahl Re und die Nußelt-Zahl Nu_{turb} mit der beheizten Länge gerechnet werden und die Bedingung $0,1 < \frac{l_0}{l} < 1$ erfüllt ist (vgl. (VDI-Wärmeatlas 2013)).

2.2.3.2.2 Einfluss der Temperaturabhängigkeit der Stoffwerte

Der Einfluss der temperaturabhängigen Stoffwerte lässt sich über einen Faktor $k_{\mathrm{Temp.\,korr.}}$ berücksichtigen. Dieser wird aus der absoluten Filmtemperatur T_{Film} und der absoluten Oberflächentemperatur T_O gebildet (vgl. (VDI-Wärmeatlas 2013)).

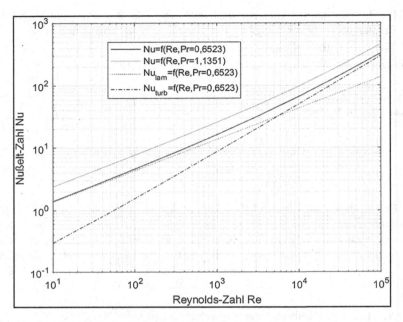

Abbildung 2.24   Relevanter Bereich der Nußelt-Zahl

$$k_{\text{Temp. korr.}} = \left(\frac{T_{\text{Film}}}{T_{\text{O}}}\right)^{0,12} \tag{2.26}$$

2.2.4   Stoffübergang

Im Bereich der Gipskartonplattentrocknung finden verschiedene Stoffbewegungen statt: Gas- oder Flüssigkeitsbewegung durch absolute Druckunterschiede und Konzentrationsausgleich durch Partialdruckdifferenzen.

Die Bewegung der Stoffe innerhalb von Gipsplatten wurde bereits von einigen Autor*innen untersucht (Defraeye 2014; Defraeye et al. 2012; Derdour und Desmorieux 2008; Carmeliet und Roels 2001; Dipl. -Ing. Martin Krus 1995; Horacio R. Corti und Roberto Fernandez-Prini 1983b; Schlünder 1964; Eckert und Lieblein 1949; Krischer und Kast 1978).

Wie in Abschnitt 1.2 beschrieben, wird das Modell zur Gipskartonplattentrocknung durch den nächstwichtigsten Einfluss zur Beschreibung der Trocknungsverläufe erweitert. Die meisten Ansätze aus der genannten Literatur genügen den Anspruch einer einfachen Berechnung nicht und werden daher nicht in dem makroskopischen Modell berücksichtigt. Der Vergleich der berechneten und der experimentellen Daten aus Abschnitt 3.2.4 legt aber nah die Stoffbewegung im nächstkomplexeren Modell zu berücksichtigen um die Trocknungsverläufe angemessen zu approximieren. Eine Beschreibung der Grundlagen soll daher bisherige Schwachpunkte in den Modellen aufzeigen und die Wissensbasis für verbessere Modelle wie das „Knickpunktmodell" darstellen. Daher werden einige Berechnungsmodelle der Stoffbewegung folgend vorgestellt.

2.2.4.1 Definition der Stoffströmungen

Als Ausgangspunkt für alle isothermen Stoffbewegungen wird hier der Zusammenhang aus dem Massenstrom $\dot{m}$, der Austauschfläche f, dem Bewegungsbeiwert[8] b und dem wirksamen Druck- bzw. Partialdruckgefälle $\frac{\mathrm{d}P}{\mathrm{d}l}$ erläutert. (vgl. (Krischer und Kast 1978))

$$\dot{m} = -fb\frac{\mathrm{d}P}{\mathrm{d}l} \tag{2.27}$$

In den folgenden Abschnitten werden die möglichen Definitionen der Bewegungsbeiwerte näher erläutert. Findet die Bewegung in der Größenordnung der freien Weglänge ($\leq 10^{-7}$m) von Luft oder Wasserdampf statt, wird der Bewegungsbeiwert aus Abschnitt 2.2.4.2 eingesetzt.

Liegt die Strömung nach der Definition der Reynolds-Zahl für Rohrströmungen im laminaren Bereich ($Re_{\mathrm{Rohr}} \leq 2300$), wird die Gleichung aus Abschnitt 2.2.4.3 für den Bewegungsbeiwert angewendet.

$$Re_{\mathrm{Rohr}} = \frac{dw}{\nu} \tag{2.28}$$

Für die Berechnung turbulenter Stoffbewegungen wird auf die Literatur (Krischer und Kast 1978) verwiesen.

---

[8] Beiwert für die verschiedenen Fälle: Molekularbewegung, molare Bewegung bei laminarer oder turbulenter Strömung oder Diffusion

2.2.4.2 Molekulare Strömung durch poröse Medien

Zur Berechnung der molekularen Strömung bzw. Diffusion durch ein poröses Medium lässt sich aus der Herleitung von (Krischer und Kast 1978) die Gleichung für den Bewegungsbeiwert b_{mol} für zylindrische Rohre (z. B. Kapillaren) mit dem mittleren äquivalenten Durchmesser d ablesen.

$$b_{mol} = \frac{4}{3} d \sqrt{\frac{1}{2\pi R}} \sqrt{\frac{M}{T}} \qquad (2.29)$$

Zusammen mit weiteren Angaben ließe sich so z. B. der Stoffaustausch durch eine Kapillare der Gipskartonplatte berechnen. Dabei beschreibt M die Molmasse von Wasserdampf, R die spezifische Gaskonstante und T die absolute Temperatur. Es hat keinen Einfluss, ob dP als partieller oder absoluter Druckunterschied beschrieben wird, bei der Molekularströmung gibt es keinen rechnerischen Unterschied zwischen Strömung und Diffusion (vgl. (Krischer und Kast 1978)).

2.2.4.3 Laminare Strömung in porösen Medien

Eine laminare Strömung tritt im Bereich der Trocknungstechnik als Kapillarwasserbewegung, Strömung des Trockenmittels durch die Gutsporen und als Strömung des Wasserdampfs durch die Gutsporen auf. Für die Trocknung von Gipskartonplatten ist die Kapillarwasserbewegung und die Strömung des Wasserdampfes durch die Kapillaren interessant. In Trocknungsversuchen konnte bereits gezeigt werden, dass eine Druckerhöhung durch die Verdampfungstrocknung innerhalb der Gipskartonplatte erreicht wird. (vgl. (Krischer und Kast 1978))

$$b_{lam} = \frac{d^2}{32\,v} \text{ oder } b_{lam} = \frac{2\,d^2}{\zeta\,v} Re^{-1} \text{mit } \zeta = \frac{64}{Re} \qquad (2.30)$$

Im Bereich der laminaren Strömung sind die Einflüsse der kinematischen Viskosität v und des äquivalenten Kapillardurchmessers d zu erkennen. Im Bereich der kleinen Kapillaren ($d \leq 10^{-7}$m) wird die Beschreibung der Stoffbewegung über die molekulare Strömung nach Gl. (2.29) beschrieben. Aus der Analyse der Radienverteilung durch Abbildung 2.5 und Abbildung 2.6 wird klar, dass auch größere Kapillaren Einfluss auf die Flüssigkeitsbewegung haben können. Laminare Strömung von Wasser innerhalb eines kapillaren Systems wird durch Gl. (2.37) berücksichtigt.

2.2.4.4 Zweiseitige Diffusion

Für Diffusionsvorgänge gilt stets, dass ein wechselseitiger Stoffaustausch stattfindet. Der absolute Druck innerhalb eines Kontrollvolumens ist konstant, aber der Partialdruck der Stoffe[9] unterscheidet sich. Somit ergibt sich ein Bewegungsbeiwert in Abhängigkeit des Diffusionskoeffizienten δ, der spezifischen Gaskonstanten der Stoffe R_A bzw. R_B und der absoluten Temperatur T.

$$b_{\text{diff,A}} = \frac{\delta_{\text{AB}}}{R_A T} \text{ und } b_{\text{diff,B}} = \frac{\delta_{\text{AB}}}{R_B T} \qquad (2.31)$$

Der Diffusionskoeffizient δ_{DL} für ein Luft-Wasserdampf Gemisch kann im Bereich von $20°C < \vartheta < 90°C$ über Gl. (2.32) abgeschätzt werden. (vgl. (Krischer und Kast 1978))

$$\delta_{\text{DL}} = \frac{2,26}{P} \left(\frac{T}{273} \right)^{1,81} \frac{\text{m}^2}{\text{s}} \qquad (2.32)$$

2.2.4.5 Einseitige Diffusion (Verdunstung)

Eine „einseitige" Diffusion findet bei der Verdunstung statt. Von einer feuchten Oberfläche aus bildet sich ein Stoffstrom aufgrund des Partialdruckgefälles. Die Umgebungsluft kann aber nicht in die feuchte Oberfläche diffundieren. Daher überlagert sich dieser Dampfdiffusion eine Ausgleichsströmung, welche der örtlichen Konzentration P_D/P entspricht.

$$\dot{m}_D = -f \frac{\delta}{R_D T} \frac{dP_D}{dl} + \dot{m}_D \frac{P_D}{P} \Rightarrow \dot{m}_D = -f \frac{\delta}{R_D T} \frac{1}{1 - \frac{P_D}{P}} \frac{dP_D}{dl} \Rightarrow b_{\text{verd}} = \frac{\delta}{R_D T} \frac{1}{1 - \frac{P_D}{P}} \qquad (2.33)$$

Nahe der Verdampfungstemperatur wird der Partialdruck des Dampfes fast so groß wie der absolute Druck ($P_D \Rightarrow P$) und der Bewegungsbeiwert b_{verd} strebt gegen unendlich. In diesem Fall wird die Verdunstung zur Verdampfung. Anders als bei der molekularen oder laminaren Strömung ist die Verdunstung nicht von einer geometrischen Größe wie dem Porenradius abhängig. (vgl. (Krischer und Kast 1978))

---

[9] Gilt für ein zwei Stoff-System, z. B. Luft und Wasserdampf

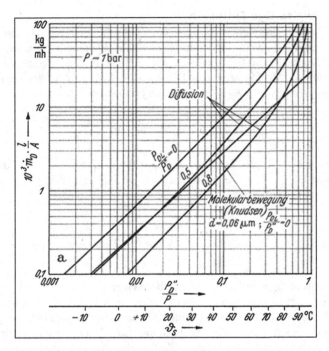

Abbildung 2.25 Vergleich von Molekularbewegung und Diffusion (Krischer und Kast 1978)

Aus Abbildung 2.25 lässt sich erkennen, dass besonders bei den Temperaturen nahe der Verdampfungstemperatur die Kurven verschiedener Dampfdrücke immer näher zusammenfallen. Daran lässt sich erkennen, dass der Einfluss der relativen Luftfeuchte nahe der Verdampfungstemperatur an Bedeutung verliert. Dieser Zusammenhang ist auch für porige Güter mit Trocknungsspiegel innerhalb des Guts von Bedeutung. Hat der Dampfdruck der Umgebungsluft keinen Einfluss auf die Trocknungsgeschwindigkeit ist der Anteil der Stoffströmung durch Diffusionsmechanismen zu vernachlässigen.

Messung der Gutstemperatur von Gipskartonplatten zeigen, dass diese in den industriellen Trocknern nah der Siedetemperatur ist. Der Zusammenhang aus Sättigungsdampfdruck und Verdunstungsgeschwindigkeit zeigt, dass der Einfluss der relativen Luftfeuchte bei diesen Temperaturen immer geringer wird. Daraus lässt

sich ableiten, dass die Luftfeuchte des Trockners bei der Verdampfung nur eine
untergeordnete Rolle spielt.

Ein Gleichgewicht der Wärmeenergie aus verdunstendem Massenstrom und
eingehender Wärme wird bei der Verdunstungstrocknung im stationären Zustand
angenommen. Hat ein poröses Medium einen erhöhten Diffusionswiderstand
(z. B. durch eine Kartonschicht) wird der eingehende Wärmestrom nicht vollständig in verdunstendes Wasser umgesetzt, sondern erhöht die Temperatur des
Guts. Bei steigender Gutstemperatur wächst der Bewegungsbeiwert überpro-
portional und der eingehende Wärmestrom nimmt aufgrund der verringerten
Temperaturdifferenz ab. So kann sich eine Verdunstungstrocknung auf erhöhtem
Temperaturniveau im Gleichgewicht befinden.

Dieser Ansatz wird im Rahmen dieser Arbeit nicht weiterverfolgt, könnte
aber eine alternative Herangehensweise darstellen. Zur Vollständigkeit wird die
Gleichung an dieser Stelle angeben:

$$\dot{m}_{D,\,\text{Verdunstung}} = \frac{1}{R_D\,T_G}\left(\frac{1}{\beta} + \frac{\mu(X)s(X)}{\delta(\vartheta_G)}\right)^{-1} P \ln\left(\frac{P - P_{DL}}{P - P_{D,satt}(\vartheta_G)}\right) \quad (2.34)$$

Dabei beschreibt R_D die spezifische Gaskonstante von Dampf, T_G die absolute
Temperatur des Guts, β den Stoffübergangsbeiwert, $\mu(X)$ den Wasserdampfdif-
fusionsbeiwert bei Feuchte X, $s(X)$ die Sichtstärke der trockenen Schicht bei
Feuchte X, $\delta(\vartheta_G)$ den Diffusionskoeffizienten bei Gutstemperatur ϑ_G, P den
absoluten Druck, P_{DL} den Dampfpartialdruck in der Luft und $P_{D,satt}(\vartheta_G)$ den
Sättigungsdampfdruck bei Gutstemperatur ϑ_G.

2.2.4.6 Diffusionswiderstand poriger Güter

Verschiedene Baumaterialien und Schüttgüter werden mit einem
(Wasserdampfdiffusions-) Widerstandsfaktor μ angegeben. Dieser beschreibt,
um welchen Faktor die Wasserdampfdiffusion durch das spezielle Baumaterial
oder Schüttgut in Relation zur Diffusion durch Luft vermindert wird. In dem
Faktor wird die Verminderung des Austauschquerschnittes, die Verlängerung
der Diffusionswege durch die Porenkanäle und den Einfluss dessen Form
berücksichtigt. Durch diese Definition ergibt sich die Gleichung (2.35). Für
den Bewegungsbeiwert b können die jeweiligen vorangegangenen Definitionen
eingesetzt werden. (vgl. (Krischer und Kast 1978))

$$\dot{m} = f\frac{b}{\mu}\frac{\Delta P}{l}\text{mit } \mu \geq 1 \quad (2.35)$$

Zahlenwerte für verschiedene Materialien sind in (Krischer und Kast 1978) Tabelle 5.3 und (Kast 1989) Tabelle 9.3 angegeben. Der Wasserdampfdiffusionsfaktor μ ist im Allgemeinen von der Feuchte des Guts abhängig.

2.2.4.7 Kapillarwasserbewegung

Die treibende Kraft der Kapillarwasserbewegung ergibt sich aus dem durch den Kapillardruck (vgl. Gl. (2.5)) verringerten Flüssigkeitsdruck. Die Flüssigkeitsbewegung von realen Porensystemen sowie die resultierende Feuchtigkeitsverteilung aufgrund der Radienverteilung innerhalb des porösen Mediums werden in der Literatur (Krischer und Kast 1978) genauer beschrieben. Hier soll lediglich auf die Entstehung des Knickpunktes im Trocknungsverlauf eingegangen werden. Aus dieser Anschauung resultiert das „Knickpunktmodell".

Die Druckdifferenz ΔP_M zwischen zwei miteinander verbundenen Kapillaren verschiedener Radien r_1, r_2 ergibt sich zu:

$$\Delta P_M = 2\sigma \left(\frac{1}{r_1} - \frac{1}{r_2} \right) \tag{2.36}$$

In einem idealisierten System aus zwei Kapillaren verschiedener Radien wird die Verdunstung in der kleineren Kapillare r_1 stattfinden, da diese einen geringeren Druck aufweist und die Anzahl der kleinen Kapillaren die der großen Kapillaren in allen technischen porösen Medien weit übersteigt.

Diese einschneidend erscheinende Voraussetzung ist deshalb erlaubt, weil bei jedem wirklichen Trocknungsgut die Zahl der feinen Kapillaren wesentlich größer ist als die der groben und die Verdunstung an der Oberfläche wegen der großen Verdampfungsgeschwindigkeit des Wassers nicht in entscheidendem Maße von der Zahl der größeren Kapillaren abhängt.

(Krischer und Kast 1978)

Mit abnehmender Feuchte des Guts verdampft Wasser aus der kleinen Kapillare und wird aufgrund des Druckunterschieds aus der großen Kapillare aufgefüllt. Dieser Auffüllmechanismus funktioniert so lange bis die Reibungsverluste ΔP_R der Strömung gleich der Druckdifferenz der Kapillare ist.

$$\Delta P_R = \frac{8 \eta \dot{m}}{r_1^4 \pi \rho_W} s \tag{2.37}$$

$$\Delta P_R = \Delta P_M \Rightarrow \dot{m}_{DI} s_{Kn} = \frac{\sigma}{4\eta} \left(\frac{1}{r_1} - \frac{1}{r_2} \right) r_1^4 \pi \rho_W = \frac{\sigma \rho_W}{\eta} C_K \tag{2.38}$$

Die Trocknungsrate im ersten Trocknungsabschnitt $\dot{m}_{\text{DI}}$ und die Sinktiefe des Trocknungsspiegels beim Erreichen des Knickpunktes s_{Kn} sind also vom Kapillarsystemfaktor $\left(\frac{1}{r_1} - \frac{1}{r_2}\right)r_1^4 \propto C_{\text{K}}$, der Oberflächenspannung σ, der Dichte von Wasser ρ_{W} und der dynamischen Viskosität von Wasser η abhängig. Da die Stoffwerte $\sigma, \eta, \rho_{\text{W}}$ temperaturabhängig sind, ist auch die Gleichung (2.38) temperaturabhängig. (vgl. (Krischer und Kast 1978))

2.2.4.8 Stoffübergangskoeffizient

Die Beschreibung der Trocknungsrate über den Stoffübergangskoeffizienten β wird bei homogener, niedriger Temperatur und hoher Feuchte auf der Oberfläche des Guts verwendet. Im Allgemeinen ist die Abhängigkeit vom Partialdruckunterschied mit einem logarithmischen Zusammenhang zu beschreiben.

$$\dot{m}_{\text{DI}} = \frac{\beta P}{R_{\text{D}} T} \ln\left(\frac{P - P_{\text{DL}}}{P - P_{\text{DO}}}\right) \tag{2.39}$$

Unter Annahme niedriger Temperaturen und damit kleiner Partialdruckdifferenzen lässt sich der Zusammenhang vereinfachen:

$$\dot{m}_{\text{DI}} = \frac{\beta}{R_{\text{D}} T}\left(P_{\text{D,satt}} - P_{\text{DL}}\right) \tag{2.40}$$

Diese Annahme ermöglicht die Erweiterung um einen Diffusionswiderstand. Liegt der Trocknungsspiegel nicht an der Oberfläche, sondern in der Tiefe s im Gut, so muss zusätzlichen der Diffusionswiderstand des trocknen Guts überwunden werden.

$$\dot{m}_{\text{DI}} = \frac{1}{R_{\text{D}} T} \frac{1}{\frac{1}{\beta} + \frac{\mu s}{\delta}}\left(P_{\text{D,satt}} - P_{\text{DL}}\right) \tag{2.41}$$

Dieser Berechnungsansatz bietet die Möglichkeit, den Einfluss eines absinkenden Trocknungsspiegels direkt zu berücksichtigen, ist aber aufgrund der Einschränkungen nur für niedrige Temperaturen zulässig. Damit ist dieser Ansatz für die Berechnung der Gipskartonplattentrocknung nicht zielführend. Es bleibt im Rahmen dieser Arbeit offen inwieweit eine Berechnung der Trocknungsrate ohne vereinfachende Annahmen über den Ansatz eines Stoffübergangskoeffizienten möglich wäre.

2.2.5   Gekoppelter Wärme- und Stoffübergang

Der Wärme- und Stoffaustausch an feuchten Oberflächen ist miteinander gekoppelt. Die Verdampfung der Flüssigkeit zu Gas bedarf einer Verdampfungswärme, welche von dem Gut entzogen werden kann. Durch den eingehenden Wärmestrom von der Luft an die Oberfläche wird Wärme zugeführt. Des Weiteren führt der ausgehende Stoffstrom einen Wärmestrom mit sich. Eine Prinzipskizze mit Berücksichtigung der thermischen Grenzschicht ist in Abbildung 2.26 dargestellt.

Abbildung 2.26
Kopplung von Wärme- und
Stoffaustausch (Krischer
und Kast 1978)

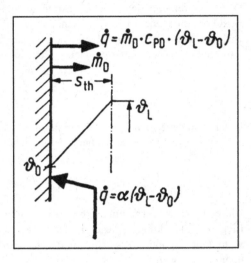

Zum besseren Verständnis des Zusammenhangs wird folgend die Grenzschicht aus zwei Ausgangssituationen beschrieben. Diese erläutern die Einstellung des Gleichgewichtszustands zwischen Luft und feuchter Oberfläche, genügen jedoch keiner vollständigen Herleitung der Vorgänge. Diese Beispiele dienen einem verbesserten Verständnis wie die Temperatur- und Konzentrationsgrenzschicht zusammenhängen, warum sie einander bedingen und sich nicht addieren.

2.2.5.1   Konstanter Partialdruck, Temperaturgefälle

Die Kopplung von Wärme- und Stoffübertragung wird für das Beispiel einer vollständig benetzten Oberfläche erläutert. In diesem Beispiel wird von einer Ausgangssituation ausgegangen, bei der in der Luftschicht über der Oberfläche zunächst ein konstanter Partialdruck herrscht, sich aber ein Temperaturgefälle eingestellt hat.

Ein Wärmestrom $\dot{q}$ stellt sich durch das Temperaturgefälle und einen Wärmeübergangskoeffizienten ein. Die feuchte Oberfläche ist nicht im Gleichgewichtszustand mit der überströmenden Luft, da diese noch nicht vollständig gesättigt ist (vgl. Abbildung 2.27).

Die überströmende Luft wird so lange Feuchtigkeit aufnehmen, bis dieser Gleichgewichtszustand erreicht ist.

Die für die Umwandlung der Feuchte am Gut in Dampf benötigte Wärmemenge wird aus dem Gut herausgezogen und durch den eingehenden Wärmestrom kompensiert.

Die Oberflächentemperatur ϑ_O entspricht in diesem Beispiel der Kühlgrenztemperatur. Somit stellt sich ein Gleichgewicht aus eingehendem Wärmestrom $\dot{q}$, Kühlgrenztemperatur ϑ_O und Oberflächenpartialdampfdruck P_{DO} ein (vgl. Abbildung 2.28).

Abbildung 2.27
Ausgangssituation 1:
Konstanter Partialdruck,
Temperaturgefälle

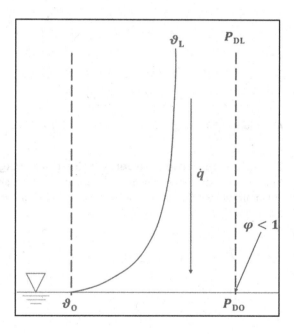

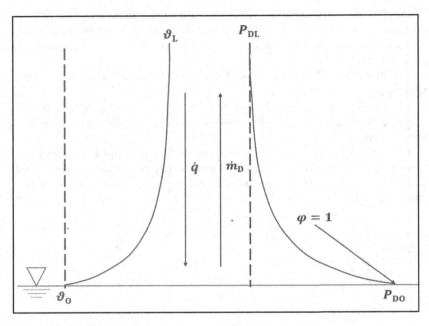

Abbildung 2.28   Ausgangssituation 1: Eingestelltes Gleichgewicht

2.2.5.2   Konstante Temperatur, Partialdruckgefälle

Jetzt wird von einer feuchten Oberfläche ausgegangen, bei der ein Parti-
aldampfdruckgefälle und eine konstante Temperatur anliegen, dargestellt in
Abbildung 2.29.

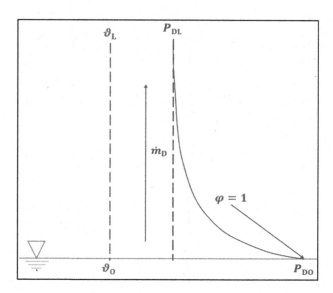

Abbildung 2.29 Ausgangssituation 2: Konstante Temperatur, Partialdruckgefälle

Das Partialdruckgefälle des Dampfes bewirkt einen Stoffstrom des Dampfes in die Region der Luft. Der Raum der Luft wird als deutlich größer als den Dampfmassenstrom angenommen, daher gleicht sich der Partialdruck an der feuchten Oberfläche dem der Luft an. Für diesen Vorgang wird zu Anschauungszwecken davon ausgegangen, dass noch kein Wasser von der Oberfläche verdunstet ist. Dieser hypothetische Zwischenzustand wird in Abbildung 2.30 dargestellt.

Das Ungleichgewicht der feuchten Oberfläche und der darüberliegenden Schicht feuchter Luft haben ein Partialdruckgefälle welches das Wasser der Oberfläche zum Verdunsten bringt. Die notwendige Verdampfungsenthalpie wird aus der Wärme der Oberfläche entzogen. Damit sinkt die Temperatur der Oberfläche ab. Es stellt sich der Gleichgewichtszustand wie in Abbildung 2.31 ein.

Der beschriebene Ausgangszustand ist vergleichbar mit einer Gipsfaserplatte, welche eine signifikante Zeit der Trocknung eine feuchte Oberfläche aufweist. Bei Gipskartonplatten kann festgestellt werden, dass der Trocknungsspiegel bereits nach kurzer Zeit der Trocknung unter die Kartonschicht sinkt und die hier getroffene Annahme einer feuchten Oberfläche damit nicht gegeben ist. Dennoch kann durch diese Darstellung die Kopplung der Wärme- und Stoffübertragung anschaulich erklärt werden.

Abbildung 2.30
Ausgangssituation 2:
Ungleichgewicht zwischen
Luft und Oberfläche

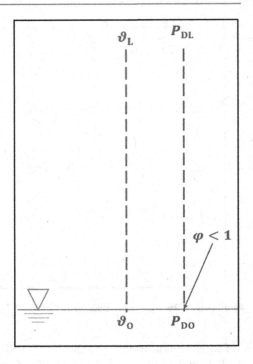

2.2.5.3 Einfluss des Stoffübergangs auf den Wärmeübergangskoeffizienten

Der Einfluss des Stoffaustausches auf den Wärmeübergangskoeffizienten bzw.
der Einfluss des Wärmeübergangs auf den Stoffübergangskoeffizienten lässt
sich durch den korrigierten Wärmeübergangskoeffizienten α^* bzw. über den
korrigierten Stoffübergangskoeffizienten β^* beschreiben. Die Herleitung dieser
korrigierten Übergangskoeffizienten lässt sich der Literatur (Krischer und Kast
1978) entnehmen.

Der Einfluss auf die Trocknungsrate an einer freien, vollständig benetzten
Oberfläche kann auch direkt über die korrigierte Trocknungsrate definiert werden.

$$\dot{m}_{DI} = \frac{\alpha}{c_{P,D}} \ln\left(1 + \frac{c_{P,D}}{h_v}(\vartheta_L - \vartheta_O)\right) \approx \frac{\dot{q}}{h_v} \qquad (2.42)$$

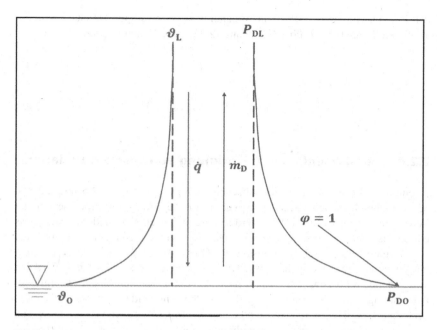

Abbildung 2.31 Ausgangssituation 2: Eingestelltes Gleichgewicht

Aus einer vorangegangenen Arbeit (Weber 2019) kann der Einfluss als gering abgeschätzt werden. Dies bestätigt sich auch bei den Berechnungen in Abschnitt 3.1.2.

2.2.5.4 Zusammenhang von Wärme- und Stoffübergangskoeffizienten

Der Zusammenhang der Wärme- und Stoffübergangskoeffizienten lässt sich für laminare und für turbulente Strömungen beschrieben. Somit ist es möglichen bei einem bekannten Koeffizienten auf den anderen zu schließen. Das Verhältnis der Koeffizienten hängt im Fall der Trocknung mit Luft von der Wärmekapazität der Luft $c_{P,L}$, der Dichte der Luft ρ_L, der Lewis-Zahl Le und dem Strömungsparameter n ab. Dieser ist für laminare Strömungen $n = 1/3$ und für turbulente Strömungen als $n = 0,42$ anzunehmen.

Die Lewis-Zahl fasst die Temperatur- und Konzentrationsausbreitung als Quotienten zusammen. Der Diffusionskoeffizient von Dampf und Luft δ_{DL} kann für den Bereich von 20°C ... 90°C in Abhängigkeit des absoluten Drucks P und der absoluten Temperatur T über Gleichung (2.32) beschrieben werden.

$$Le = \frac{a}{\delta} \tag{2.43}$$

$$\frac{\alpha}{\beta} = c_{P,L}\,\rho_L\,Le^{(1-n)} = c_{P,L}\,\rho_L\left(\frac{\alpha}{\delta}\right)^{(1-n)} \tag{2.44}$$

2.2.6 Zusammenfassung: Trocknung von Gipskartonplatten

In einem Teil (besonders in den Abschnitten 2.1.4.3, 2.2.1, 2.2.4.5 und 2.2.4.6) der wissenschaftlichen Grundlagen wurde auf die Trocknungsprozesse bei der Verdunstung eingegangen. Die Verdunstung zeichnet sich dadurch aus, dass ein zweiseitiger Diffusionsvorgang einen Konzentrationsunterschied aufgrund von Partialdruckunterschieden ausgleicht. Dieser Vorgang dominiert den Trocknungsvorgang bei niedrigen konstanten Temperaturen (ca. 50°C) und wird bei ausreichendem Flüssigkeitstransport nicht von den Guteigenschaften beeinflusst. Anwendungen für die Berechnung der Verdunstung findet sich bei vollständig benetzten Oberflächen mit konstanter und niedriger Temperatur für kleine und eingeschränkt auch für große Partialdruckgefälle (vgl. Abschnitt 2.2.4.5).

Im anderen Teil der wissenschaftlichen Grundlagen wurde besonderes auf den Trocknungsprozess bei der Verdampfung eingegangen. Die Verdampfung zeichnet sich dadurch aus, dass der entstehende Dampf einen absoluten Überdruck erzeugt und die Strömung des Dampfes sich über äußere Einflüsse wie Reibung einstellt. Dies ist im Fall der Gipskartonplattentrocknung durch die hohen Gutstemperaturen gegeben. Die Verhältnisse der Wärmeübertragung, im besonderen Maße die Wärmeleitung und die erzwungene Konvektion, bestimmen den Ablauf der Trocknung.

Zu diesen Annahmen kommen (Krischer und Kast 1978) und beschreiben damit die Verdampfungstrocknung als dominierenden Einfluss bei der Trocknung von Gipskartonplatten. Daher werden in den nachfolgenden Modellen entweder die Verdunstungstrocknung oder die Verdampfungstrocknung betrachtet.

Teile der erarbeiteten Grundlagen werden für die Berechnung der Trocknungsrate im ersten Trocknungsabschnitt verwendet und sind bis zur experimentell bestimmten Knickpunktkurve gültig. Im zweiten Trocknungsabschnitt sind Einflüsse durch das poröse Medium zu berücksichtigen, welche durch verschiedene Ansätze (z. B. Wärmeleitung im Gut Abschnitt 2.2.3.1) berücksichtigt werden.

In den folgenden Abschnitten wird das Berechnungsmodell beschrieben, mit dem die Trocknungsrate für den Fall der vollständig benetzten Oberfläche angenähert werden kann. In diesem Beispiel steht die Verdunstung im Vordergrund. Im Anschluss wird ein Modell mit sinkendem Trocknungsspiegel vorgestellt, welches bereits einen Teil der kapillaren Wasserbewegungen im Gut berücksichtigt. Aufbauend auf diesem Modell wird das Knickpunktmodell (vgl. Abschnitt 4.1.1) vorgeschlagen, um den ersten und zweiten Trocknungsabschnitt der Gipsplattentrocknung wiederzugeben. In diesen Modellen wird der Fokus auf die Verdampfungstrocknung gelegt.

Berechnungsmodelle 3

Aus dem Verständnis der physikalischen Grundlagen mit dem besonderen Augenmerk auf die Trocknung von Gipskartonplatten lassen sich die nun vorgestellten Berechnungsmodelle ableiten.

Je nachdem, welche Annahmen für den Trocknungsprozess getroffen werden, lassen sich die Modelle für verschiedene Bereiche des Trocknungsprozesses verwenden. In dieser Arbeit wird ein Modell für niedrige Gutstemperaturen und ein Modell für Gutstemperaturen bei Siedetemperatur vorgestellt.

Im Folgenden wird das Modell der „vollständig benetzten Oberfläche" mit ausreichendem Wassertransport und das Modell des „sinkenden Trocknungsspiegels" vorgestellt.

3.1 Vollständig benetzte Oberfläche

Betrachtet wird eine vollständig mit Wasser benetzte Oberfläche, welche mit feuchter, warmer Luft überströmt wird. Es wird davon ausgegangen, dass stets genügend Wasser aus einem Reservoir nachgeführt werden kann und somit die Oberfläche über den Trocknungsprozess benetzt bleibt. Um die Berechnung zu vereinfachen, wird von einer zweidimensionalen, halbunendlichen Platte ausgegangen, welche längs überströmt wird. Der Wärme- und der Stoffübergangskoeffizient werden als über die Länge gemittelte Konstanten angenommen. Dieses Modell approximiert die Verdunstungsraten bei Lufttemperaturen unter 60°C mit verschiedenen relativen Luftfeuchten.

Im Trocknungsprozess einer Gipskartonplatte findet dieses Modell keine Anwendung, stellt dennoch einen Wissensgewinn für das Forschungsprojekt dar, da sich Analogien zur Trocknung von Gipsfaserplatten ergeben.

© Der/die Autor(en), exklusiv lizenziert an Springer Fachmedien Wiesbaden GmbH, ein Teil von Springer Nature 2023
H. Paschert, *Makroskopische Betrachtung von Trocknungsvorgängen an porösen Medien*, Forschungsreihe der FH Münster,
https://doi.org/10.1007/978-3-658-41007-0_3

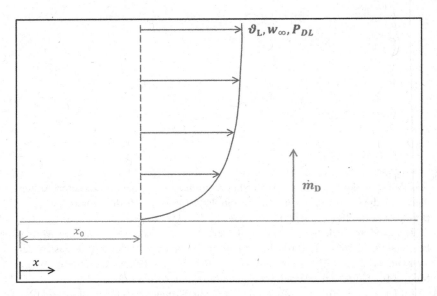

Abbildung 3.1 Modell Skizze: Vollständig benetzte Oberfläche

Die in Abbildung 3.1 dargestellte Überströmung einer halbunendlichen Platte stellt ein idealisiertes Modell dar. Nach einer Anlauflänge x_0 wird die benetzte Oberfläche in x-Richtung überströmt. Aus den Randbedingungen der Strömung wird ein Wärme- und Stoffübergang berechnet und somit die Trocknungsrate $\dot{m}_D$ bestimmt.

Aufbauend aus den Erkenntnissen aus dem h-x-Diagramm (vgl. Abschnitt 2.2.1) und den darin enthaltenen Zustandsänderungen lässt sich die Kühlgrenztemperatur bestimmen, welche die Wasseroberfläche im stationären Zustand annimmt (vgl. Abbildung 2.15). Die Beschreibung des Wärme- und Stofftransportes aus Abschnitt 2.2.5, wird verwendet um die Verdunstungsraten im laminaren und turbulenten Bereich der Strömung zu berechnen.

Im Folgenden werden die relevanten Gleichungen für dieses Modell beschrieben.

3.1.1 Verdunstungsphysik

In diesem Modell wird die verdunstete Menge Wasser über die Gleichungen der Wärme- und Stoffübertragung berechnet. Mit Beginn des Einlasses bildet sich eine Strömungsgrenzschicht und mit Beginn der feuchten Oberfläche eine Temperatur- sowie eine Konzentrationsgrenzschicht aus. Diese Grenzschichten lassen sich über dimensionslose Kennzahlen beschreiben. Durch die bereits beschriebenen Gleichungen lässt sich so der Stoffübergangskoeffizient berechnen.

Im ersten Trocknungsabschnitt kommt es besonders auf die eingehende Wärmeenergie, welche für die Verdunstung zur Verfügung steht, an. Die Trocknungsgeschwindigkeit im ersten Abschnitt wird über die eingehende konvektive Wärme $\dot{q}_K$ und die Verdampfungsenthalpie h_v bestimmt (vgl. Abschnitt 2.2.5.3).

$$\dot{m}_{DI} = \frac{\dot{q}_K}{h_v(\vartheta_O)} \tag{3.1}$$

$$\dot{q}_K = \alpha(\vartheta_L - \vartheta_O) \tag{3.2}$$

Die Lufttemperatur und -feuchte seien durch die Prozessparameter bekannt. Somit lässt sich auch die Kühlgrenztemperatur nach dem Verfahren aus Abschnitt 2.2.1.1 berechnen. Für das Stoffsystem Wasserdampf und trockene Luft bei Lufttemperaturen unter 250°C lässt sich annehmen, dass die Kühlgrenztemperatur circa der Oberflächentemperatur entspricht.

$$\vartheta_O \approx \vartheta_{KG} \tag{3.3}$$

Zur Bestimmung des Wärmeübergangskoeffizienten wird die Nußelt-Zahl nach den Berechnungen in Abschnitt 2.2.3.2 verwendet.

In (Krischer und Kast 1978) werden die Verdampfungsenthalpien von Wasser bei verschiedenen Temperaturen angegeben. Somit ist die Verdampfungsgeschwindigkeit bestimmbar. Die relevanten Stoffwerte lassen sich aus dem (VDI-Wärmeatlas 2013) ermitteln.

Alternativ ist es möglich, die Trocknungsrate über den Stoffübergang zu definieren. Als treibendes Potenzial dient hier die Partialdruckdifferenz der feuchten Luft und der Dampfschicht an der Gutsoberfläche. Die Berechnung des Stoffübergangs wird über ein Grenzschichtverhältnis von Wärme- und Stoffübergangskoeffizient an diesen gekoppelt (vgl. Abschnitt 2.2.2).

3.1.2 Berechnungsbeispiel

Im dargestellten Beispiel (Abbildung 3.2) wird eine vollständig benetzte Oberfläche mit feuchter Luft überströmt. Der Zustand der Luft wird an P1 beschrieben. Der Punkt P2 beschreibt die Dampfschicht über der benetzten Oberfläche. Im Punkt P3 wird der Luftzustand bei Filmtemperatur beschrieben.

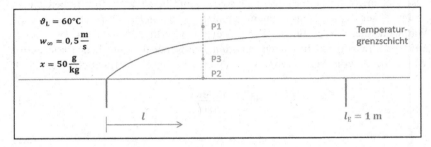

Abbildung 3.2 Berechnungsbeispiel: Vollständig benetzte Oberfläche

Die Berechnung wird bei einer Lufttemperatur von $\vartheta_L = 60°C$, einer Strömungsgeschwindigkeit von $w_\infty = 0,5\frac{m}{s}$ und einer Luftbeladung von $x_L = 50\frac{g}{kg}$ für eine feuchte Oberfläche der Länge $l_E = 1\,m$ durchgeführt.

Im Folgenden wird die Berechnung in 6 Schritte unterteilt:

1. Zusammenfassen der gegebenen Größen:
   Einströmende feuchte Luft P1:

$$\vartheta_L = 60°C;\ x_L = 50\frac{g}{kg} \Rightarrow \varphi_L = 0,379;\ h = 1,908 \times 10^5\frac{J}{kg}$$

Geometrie der überströmten Platte:

$$l = 1\,m;$$

Strömungsgeschwindigkeit:

$$w_\infty = 0,5\frac{m}{s};$$

2. Aus den Daten der feuchten Luft an Punkt P1 lässt sich die Temperatur unter Annahme der Gl. (3.3) bestimmen.
   Vollständig benetzte Oberfläche P2:

$$h = 1,908\text{x}10^5 \frac{J}{kg}; \varphi_O = 1 \Rightarrow \vartheta_O = 42,8°C; x_O = 57,3 \frac{g}{kg}$$

Die Verdampfungswärme ist abhängig von der Oberflächentemperatur:

$$h_v = 2,4\text{x}10^6 \frac{J}{kg}$$

3. Über den Filmzustand müssen einige Stoffwerte ermittelt werden. Diese sind auch von der Beladung abhängig.
   Stoffdaten in Filmgrenzschicht P3:

$$\vartheta_F = 51,4°C; x_F = 53,6 \frac{g}{kg}$$

$$\Rightarrow \nu(\vartheta_F, x_F) = 1,81\text{x}10^{-5} \frac{m^2}{s}; a(\vartheta_F, x_F) = 2,58\text{x}10^{-5} \frac{m^2}{s}; \lambda(\vartheta_F, x_F) = 2,86\text{x}10^{-2} \frac{W}{m\,K};$$

$$c_P = 1050 \frac{J}{kg\,K}; \rho = 1,06 \frac{kg}{m3};$$

4. Mit den gesammelten Daten werden die dimensionslosen Kennzahlen ermittelt:

$$\Rightarrow Re = 27600; Pr = 0,7$$

$$\Rightarrow Nu_{lam} = 97,95; Nu_{turb} = 113,6; Nu = 150$$

5. Aus der Gl. (2.19) ergibt sich der Wärmeübergangskoeffizient und damit der eingehende Wärmestrom.

$$\alpha = 4,29 \frac{W}{m^2\,K}; \Delta\vartheta = 17,2K; \dot{q}_K = 73,8 \frac{W}{m^2}$$

Alternativ kann mit dem nun bekannten Wärmeübergangskoeffizienten der Stoffübergangskoeffizient ermittelt werden (vgl. Abschnitt 2.2.4.8).
Bestimmung der Partialdrücke

$$P = 1,01325 \times 10^5 \text{ Pa; } R_D = 461,4 \frac{J}{\text{kg K}}; \ P_{DL} = 7,536 \times 10^3 \text{ Pa; } P_{DO} = 8,5482 \times 10^3 \text{ Pa}$$

Bestimmung des Diffusionskoeffizienten

$$\delta_{DL} = \frac{2,26}{P} \left(\frac{\vartheta + 273,15}{273,15} \right)^{1,81} = 3,047 \times 10^{-5} \frac{m^2}{s}$$

Bestimmung des Strömungsregimes

$$Re = 2,76 \times 10^4 < 5 \times 10^5 = Re_{Krit}$$

Bestimmung des Stoffübergangskoeffizienten

$$\beta = \frac{\alpha}{c_P \rho \left(\frac{a}{\delta_{DL}} \right)^{2/3}} = 4,03 \times 10^{-3} \frac{m}{s} \Rightarrow \frac{\alpha}{\beta} = 1,06 \times 10^3 \frac{J}{m^3 \text{ K}}$$

6. Berechnung der Ergebnisse
   a. Damit ergibt sich die Verdampfungsgeschwindigkeit im ersten Trocknungsabschnitt. Hier berechnet nach Gl. (3.1) und somit ohne Einfluss des Stoffübergangs auf den Wärmeübergang:

$$\dot{m}_{DI} = 3,075 \times 10^{-5} \frac{\text{kg}}{m^2 \text{ s}} = 0,1107 \frac{\text{kg}}{m^2 \text{ h}}$$

   b. Hier berechnet nach Gl. (2.42) und somit mit Einfluss des Stoffübergangs auf den Wärmeübergang:

$$\dot{m}_{DI} = 3,063 \times 10^{-5} \frac{\text{kg}}{m^2 \text{ s}} = 0,1103 \frac{\text{kg}}{m^2 \text{ h}}$$

   c. Hier berechnet nach Gl. (2.39) bei laminarem Stoffaustausch:
      Berechnen der Verdunstungsgeschwindigkeit

$$\dot{m}_{DI} = \frac{\beta P}{R_D (\vartheta + 273,15)} \ln \left(\frac{P - P_{DL}}{P - P_{DO}} \right) = 2,9593 \times 10^{-5} \frac{\text{kg}}{m^2 \text{ s}} = 0,1065 \frac{\text{kg}}{m^2 \text{ h}}$$

3.1.3 Vergleich zur Literatur und Experiment

In der Literatur lassen sich experimentelle Daten zu überströmten Platten im Bereich von 50°C (Verdunstung) finden. Im Experiment von (Poós und Varju 2017) wurden freie Wasseroberflächen mit verschiedenen Strömungsgeschwindigkeiten und Luftfeuchten längsüberströmt und dabei von der Unterseite temperaturgeregelt. Die Berechnungen nach (Krischer und Kast 1978) erlauben zwar eine Berücksichtigung von beheizten Wänden, diese Berechnungen sind aber nicht zielführend für die Berechnung von Prozessen in der Gipskartonplattentrocknung.

In der vorangegangenen Arbeit von (Lützenburg 2020) wurden die Trocknungsraten von freien Wasseroberflächen bestimmt. Bei Temperaturen von 40°C oder 60°C wird eine vollständig benetzte Oberfläche mit Luft in unterschiedlichen Feuchtezuständen überströmt. Die experimentellen Ergebnisse sind in Tabelle 3.1 zusammengetragen.

Tabelle 3.1 Experimentelle Ergebnisse (Lützenburg 2020)

Nr.	Lufttemperatur	Relative Feuchte	Luftgeschwindigkeit	Oberflächentemperatur
1	60 °C	24,98 %	0,5 m/s	34,85 °C +/− 1,32 K
2	40 °C	30,52 %	0,5 m/s	25,63 °C +/− 1,13 K
3	40 °C	33,05 %	4,6 m/s	24,43 °C +/− 0,65 K

Die theoretischen Berechnungen der Trocknungsraten lassen sich nur eingeschränkt vergleichen. In der Arbeit von (Lützenburg 2020) werden die Trocknungsraten für eine Kanalströmung berechnet, die hier vorgelegte Arbeit fokussiert sich auf die überströmte Platte.

(Lützenburg 2020) argumentiert für die Kanalströmung gilt allerdings, dass die Verhältnisse einer Plattenüberströmung im Bereich der Anlauflänge der Grenzsicht gegeben sind. Die entsprechende Nußelt-Zahl wird dann mit der Reynolds-Zahl für Rohrströmungen gebildet und um einen Quotienten aus hydraulischem Durchmesser und Plattenlänge erweitert. In der Arbeit wir empfohlen, die jeweils größte Nußelt-Zahl aus einer Auswahl von laminarer Plattenüberströmung, laminarer Rohrströmung und turbulenter Rohrströmung für die Berechnung der Wärmeübergänge zu verwenden.

Anhand der Berechnungstabellen lässt sich nachvollziehen, dass auch in turbulenten Rohrströmungen ($Re > 2300$) die Gleichung der Nußelt-Zahl für die laminare Plattenüberströmung mit der Anpassung durch den hydraulischen Durchmesser und der Plattenlänge verwendet wurde.

Die Berechnungsergebnisse und niedrigen Abweichungen zu den experimentellen Daten legen die Verwendung des Berechnungsverfahren aus (Lützenburg 2020) nahe, die Herleitung der Gleichungen scheinen aber nicht lückenlos nachvollziehbar.

Lediglich das Experiment 3 zeigt mit der hohen Überströmungsgeschwindigkeit zeigt eine geringe Abweichung mit der in dieser Arbeit berechneten Trocknungsrate. Für eine detailliertere Interpretation der Berechnungsabweichungen wären mehr Messdaten notwendig. Der Vergleich der Trocknungsraten ist in Tabelle 3.2 dargestellt. In Tabelle 3.3 werden die Oberflächen- bzw. Kühlgrenztemperaturen miteinander verglichen.

Tabelle 3.2 Vergleich von experimentellen und theoretischen Trocknungsraten im Bereich der Verdunstung

Nr.	Experimentelle Trocknungsrate	Theo. Trocknungsrate (Lützenburg 2020)	Rel. Abweichung	Theo. Trocknungsrate dieser Arbeit	Rel. Abweichung
1	0,451 kg/(m^2 h)	0,415 kg/(m^2 h)	$-8\,\%$	0,1716 kg/(m^2 h)	$-62\,\%$
2	0,240 kg/(m^2 h)	0,251 kg/(m^2 h)	$+5\,\%$	0,104 kg/(m^2 h)	$-57\,\%$
3	0,4 kg/(m^2 h)	0,357 kg/(m^2 h)	$-11\,\%$	0,436 kg/(m^2 h)	$+9\,\%$

Tabelle 3.3 Vergleich von experimentellen und theoretischen Kühlgrenztemperaturen bzw. Oberflächentemperaturen im Bereich der Verdunstung

Nr.	Experimentelle Oberflächentemperatur	Theo. Kühlgrenztemperatur (Lützenburg 2020)	Abweichung	Theo. Kühlgrenztemperatur dieser Arbeit	Abweichung
1	34,85 °C +/− 1,32 K	36,61 °C	+1,76 K	37,21 °C	+2,36 K
2	25,63 °C +/− 1,13 K	24,83 °C	−0,8 K	25,08 °C	−0,55 K
3	24,43 °C +/− 0,65 K	25,44 °C	+1,01 K	25,81 °C	+1,38 K

Neben den Trocknungsraten wurden die Kühlgrenztemperaturen im Experiment ermittelt. Diese lassen sich mit den theoretischen Vorhersagen aus (Lützenburg 2020) und dieser Arbeit vergleichen. Die experimentellen Temperaturen sind mit einer gewissen Toleranz der Messeinrichtung angegeben. Die relativen Abweichungen beziehen sich auf den angegebenen Mittelwert. Die verschiedenen Berechnungsmethoden kommen auf sehr ähnliche Ergebnisse, welche sich nur um weniger als 1 K voneinander unterscheiden. Damit ist der Fehler bei der Vernachlässigung der Strömungseinflüsse sowie der Einflüsse durch die Wärme- und Stoffübertragung (vgl. Abbildung 2.15) größer als der Einfluss der gewählten Berechnungsmethode. Des Weiteren kann die Annahme, dass sich Kühlgrenztemperatur und Oberflächentemperatur nur wenig unterscheiden, bestätigt werden.

3.1.4 Fazit

Das vorgestellte Berechnungsmodell „vollständig benetzte Oberfläche" ermöglicht die Berechnung der Trocknungsraten bei der Längsüberströmung freier Wasseroberflächen. Dabei wird die Wasseroberfläche wie eine überströmte Platte behandelt und der Stoffaustausch über eine Anpassung des Wärmeübergangs berücksichtig.

Besondere Vorteile bildet die vorgestellte Berechnung der Kühlgrenztemperatur durch die leicht nachzuvollziehende Anlehnung an das h-x-Diagramm. Darauf aufbauend lässt sich der Wärmeübergang mit der Nußelt-Zahl in einem großen Anwendungsbereich bestimmen. Die endgültige Berechnung der Trocknungsrate des ersten Trocknungsabschnitts kann über den Wärmeübergang und die Verdampfungsenthalpie oder über den Stoffübergangskoeffizienten unter Verwendung der Lewis-Zahl durchgeführt werden.

Das Verfahren zur Berechnung der Trocknungsraten trifft die Größenordnung der experimentellen Daten bei der Verdunstung. Es ist zu beachten, dass das Experiment nicht die genauen Verhältnisse der Berechnung widerspiegelt. In der Arbeit von (Lützenburg 2020) wird auf die Probleme mit Wärmeleitung vom Ofen über die Schale in das Wasserbecken hingewiesen. Dieser zusätzlich eingehende Wärmestrom wird in der vorgestellten Berechnung nicht berücksichtigt und hebt die Messwerte an. Dies scheint besonders bei den kleinen Überströmungsgeschwindigkeiten einen relevanten Einfluss zu haben. Eine detaillierte Beschreibung der möglichen Fehlereinflüsse wird aufgrund der geringen Datenlage erschwert. Daher sollten Experimente mit überströmten Platten bei ähnlichen Betriebspunkten zur Referenz durchgeführt werden. Anhand der Ergebnisse kann

ermittelt werden, welches Berechnungsverfahren für den Anwendungsfall die
Trocknungsraten präziser beschreiben kann.

Eine genauere Berechnung der Trocknungsraten in durchströmten Rohren ist
durch das in (Lützenburg 2020) beschriebene Berechnungsverfahren möglich.

Das vorgestellte Verfahren zur Berechnung der Kühlgrenztemperatur gibt ähnlich genaue Ergebnisse wie das Berechnungsverfahren aus der Arbeit von (Lützenburg 2020). Des Weiteren konnte im Vergleich mit dem Experiment gezeigt
werden, dass die Annahme der Kühlgrenztemperatur als Oberflächentemperatur
für vollständig benetzte Oberflächen zulässig ist.

3.2   Sinkender Trocknungsspiegel

Mit diesem Modell wird der Trocknungsverlauf der Gipsplatte approximiert.
Durch die Kartonschicht auf der Gipsoberfläche kann nicht mehr wie im vorangegangenen Modell angenommen werden, dass stets genügend Wasser an
die Oberfläche nachgefördert wird. Somit steigt auch die Gutstemperatur bis
an die Siedetemperatur des Wassers an. Erst bei diesem höheren Temperaturniveau[1] beginnt der entscheidende Trocknungsmechanismus. Nun dominiert
der Wärmeübergang allein den Trocknungsprozess, es wird von Verdampfung
gesprochen.

Zunächst gilt es, die relevanten Zusammenhänge näher zu erläutern.

3.2.1   Verdampfungsphysik

Das Modell geht davon aus, dass ein fiktiver Feuchtigkeitsspiegel im Inneren
der Gipsplatte existiert. Somit wird die in Wahrheit herrschende Feuchtigkeitsverteilung innerhalb des porösen Mediums vernachlässigt. Durch die Annahme,
dass signifikante Mengen Wasser erst durch die Verdampfung aus dem Medium
heraustreten, wird der Stoffaustausch durch Diffusion vernachlässigt. Der einge-
tragene Wärmestrom wird durch die Kartonschicht durch einen Anteil trockenen
Gips bis zum Trocknungsspiegel im feuchten Anteil des Gipses geleitet, da dieser die niedrigste Temperatur hat. So lange sich die Temperatur des feuchten
Anteils der Gipskartonplatte unterhalb der Siedetemperatur befindet erwärmt sich
dieser Anteil. Mit Erreichen der Siedetemperatur geht der eingehende Wärmestrom in die Verdampfung von Wasser. Durch die limitierte Menge Wasser in der

---

[1] Vorheriges Modell Kühlgrenztemperatur, jetzt Siedetemperatur

Gipsschicht sinkt der Trocknungsspiegel kontinuierlich ab. Nach vollständiger Verdampfung des Wassers nimmt die Gipsplatte eine homogene Temperatur an. Das Modell wird in Abbildung 3.3 mit den Wärme- und Stoffströmen dargestellt.

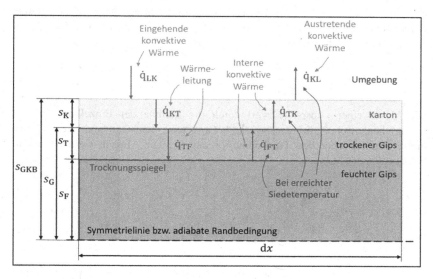

Abbildung 3.3 Skizze des Modells „Sinkender Trocknungsspiegel"

Die grundlegenden Gleichungen für die Berechnung des Modells ergibt sich aus der Bilanzierung der Volumenelemente Karton-, trockenen und feuchten Gipsschicht. Ziel des Modells ist es, den zweiten Trocknungsabschnitt zu approximieren.

In dem dargestellten Modell wird durch die Symmetrieline dargestellt, dass der Trocknungsprozess auf beiden Seiten gleich ist und damit nur eine Hälfte berechnet werden muss. Alternativ kann die volle Stärke der Platte mit einer adiabaten Randbedingung berechnet werden.

Die Schichtstärke des Gipses und eine angenommene Anfangsschichtstärke der trockenen Gipsschicht werden berechnet.

$$symmetrisch: s_G = \frac{s_{GKB}}{2} - s_K; \ adiabat: s_G = s_{GKB} - 2s_K, \qquad (3.4)$$

$$s_{T,Ini} = 0,01\, s_G \qquad (3.5)$$

Eine angenommene Anfangsschichtstärke der trockenen Gipsschicht beugt numerischen Instabilitäten vor. Um den realen Fall abzubilden, sollte diese möglichst klein gewählt werden (hier: 1% der Gipsstärke). Eine Instabilität ist bei expliziten Berechnungsverfahren immer möglich und hängt von der Zeitschrittweite ab. Über einen „kritischen Temperatursteigerungsfaktor f_ϑ" kann die zugehörige Zeitschrittweite abgeschätzt werden. Dieser Wert beschreibt um welchen Faktor sich die Anfangstemperatur ϑ_{ini} maximal ändern darf.

$$f_\vartheta = \frac{\alpha(\vartheta_L - \vartheta_{ini})\Delta t_{max}}{\vartheta_{ini}\,\rho_T\,c_{P,T}\,s_{T,Ini}} \Rightarrow \Delta t_{max} = \frac{f_\vartheta\,\vartheta_{ini}\,\rho_T\,c_{P,T}\,s_{T,Ini}}{\alpha(\vartheta_L - \vartheta_{ini})} \qquad (3.6)$$

Die Masse einer Gipsplatte wird durch die Summe der Einzelkomponenten beschrieben, wobei die Karton- und Gipsmasse konstant und die Wassermasse variabel über den Trocknungsvorgang ist. Die Massen werden auf ein Flächenelement bezogen.

$$G_{Tr} = \frac{m_{Tr}}{A} = \frac{m_K + m_G}{A} = G_K + G_G \qquad (3.7)$$

$$G_K = s_K\,\rho_K \qquad (3.8)$$

$$G_G = (1 - \Psi)\,\rho_G\,s_G \qquad (3.9)$$

$$G_W = \Psi\,\rho_W\,s_F(t) \qquad (3.10)$$

$$G_D = \Psi\,\rho_D\,s_T(t) \qquad (3.11)$$

Aus der Beschreibung der Masse je Fläche lässt sich wiederum die Feuchte nach Gl. (2.1) berechnen.

$$X(t) = \frac{m_f}{m_{Tr}} = \frac{G_W(t)}{G_{Tr}} \qquad (3.12)$$

Zur Berechnung gemischter Stoffeigenschaften wird von einer Mittelung der Werte ausgegangen. Die spezifische Wärmekapazität der einzelnen Phasen wird über die Massenanteile gemittelt.

$$c_{P,T} = \frac{(1 - \Psi)\,\rho_{GS}\,c_G + \Psi\,\rho_D\,c_{P,D}}{(1 - \Psi)\,\rho_{GS} + \Psi\,\rho_D} \tag{3.13}$$

$$c_{P,F} = \frac{(1 - \Psi)\,\rho_{GS}\,c_G + \Psi\,\rho_W\,c_{P,W}}{(1 - \Psi)\,\rho_{GS} + \Psi\,\rho_W} \tag{3.14}$$

Die Wärmeleitung wird bei angenommener Parallelschaltung der Stoffe über die Volumenanteile gemittelt.

$$\lambda_T = (1 - \Psi)\,\lambda_{GS} + \Psi\,\lambda_D \tag{3.15}$$

$$\lambda_F = (1 - \Psi)\,\lambda_{GS} + \Psi\,\lambda_W \tag{3.16}$$

Ebenso wird die Dichte über die Volumenanteile gemittelt.

$$\rho_T = (1 - \Psi)\,\rho_{GS} + \Psi\,\rho_D \tag{3.17}$$

$$\rho_F = (1 - \Psi)\,\rho_{GS} + \Psi\,\rho_W \tag{3.18}$$

Die Höhe des Trocknungsspiegels entspricht in diesem Modell der Schichtstärke der feuchten Schicht s_F.

$$s_F = s_G - s_T \tag{3.19}$$

Die Wärmeübergange können über die Wärmeleitfähigkeit und Schichtstärken sowie den Wärmeübergangskoeffizienten beschrieben werden.

$$j_{LK} = \alpha \tag{3.20}$$

$$j_{KT} = \frac{\lambda_K}{s_K} \tag{3.21}$$

$$j_{TF} = \frac{\lambda_T}{s_T} \tag{3.22}$$

Die zeitliche Änderung der Temperatur einer Schicht hängt von dessen Temperaturleitfähigkeit (vgl. Abschnitt 2.2.3) ab. Im Berechnungsablauf wird eine Definition über eine „thermische Trägheit" gewählt.

$$\dot{j}_{K,t} = \frac{c_{P,K}\,\rho_K\,s_K}{\Delta t} \tag{3.23}$$

$$\dot{j}_{T,t} = \frac{c_{P,T}\,\rho_T\,s_T}{\Delta t} \tag{3.24}$$

$$\dot{j}_{F,t} = \frac{c_{P,F}\,\rho_F\,s_F}{\Delta t} \tag{3.25}$$

Dessen Verwendung lässt sich im Code der Berechnung erkennen. Dieser ist im elektronischen Zusatzmaterial zu finden.

Zunächst wird jeweils ein Volumenelement jeder Schicht betrachtet. In dem Kontrollvolumen befinden sich Gipsstein und Wasser, Gipsstein und Dampft, oder Karton.

3.2.1.1 Bilanzierung der Kartonschicht

Zu Beginn des zweiten Trocknungsabschnitts befindet sich kein Wasser mehr auf der Oberfläche der Gipskartonplatte. Dieses verdampft bereits vor Beginn des zweiten Trocknungsabschnitts. Die Stärke des Gipskartons und die Stoffwerte sind über die Zeit konstant. Da der Karton die oberste Schicht sowie wasserfrei ist, bildet sich keine Kühlgrenztemperatur aus. Der Wärmetransport ins Innere des Gipses über Konvektion und Wärmeleitung ermöglicht die Erwärmung des Guts. Die Bilanzierung ist in Abbildung 3.4 dargestellt.

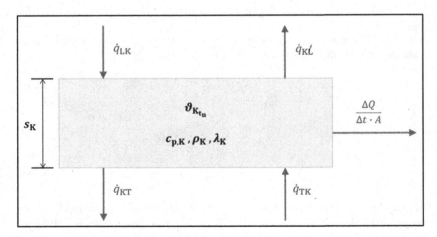

Abbildung 3.4 Bilanzierung der Kartonschicht

Der konvektive Wärmeübergang von der Luft zur Kartonschicht wird durch den Wärmestrom $\dot{q}_{LK}$ beschrieben. Die Wärmeleitung in die trockene Gipsschicht wird über den Wärmestrom $\dot{q}_{KT}$ beschrieben. Sobald der Trocknungsspiegel die Siedetemperatur erreicht hat, tritt Dampf aus der Platte aus. Der Dampf, der die Kartonschicht durchströmt, nimmt dessen Temperatur an und muss daher als Wärmestrom $\dot{q}_{TK}$ für die Energiebilanz berücksichtigt werden. Der Wärmestrom des austretenden Dampfs wird als $\dot{q}_{KL}$ bezeichnet. Die zeitliche Temperaturänderung der Schicht wird über die thermische Trägheit und die Energiebilanz des Systems ermittelt.

Die Wärmebilanz $\Delta\dot{q}$ der Schicht ergibt sich aus der Summe der eingehenden und ausgehenden Wärmeströme. Die zeitliche Änderung der Temperatur ergibt sich aus der Wärmebilanz und der wirkenden Zeit Δt.

$$\Delta\dot{q} = \dot{q}_{LK} - \dot{q}_{KT} + \dot{q}_{TK} - \dot{q}_{KL} \tag{3.26}$$

$$\dot{q}_{KL} = -\dot{m}_D\, c_{P,D}(\vartheta_L - \vartheta_K) \tag{3.27}$$

$$\vartheta_{K_{t_{n+1}}} = \vartheta_{K_{t_n}} + \frac{\Delta\dot{q}\,\Delta t}{c_K\,\rho_K\,s_K} \tag{3.28}$$

Der eingehende konvektive Wärmestrom wird durch Gleichung (2.18) bestimmt. Der ausgehende Wärmestrom $\dot{q}_{KT}$ wird über die Gleichung (3.30) bestimmt. Der Wärmeaustausch mit dem durchströmenden Dampf wird über Gleichung (3.33) und (3.27) bestimmt.

Damit ist die Bilanzierung der Schicht „Karton" abgeschlossen. Die Beschreibung des thermodynamischen Verhaltens ist somit definiert.

3.2.1.2 Bilanzierung der trockenen Gipsschicht

Die Summe der eingehenden und ausgehenden Wärmeströme bildet die Bilanz der trockenen Gipsschicht. In technisch relevanten Situationen ist die Anfangstemperatur niedriger als die Umgebungstemperatur und daher wird angenommen, dass die Temperatur der Schicht nur steigt.

Es ist zu beachten, dass die Schichtstärke sich über die Trocknung ändert. Diese Eigenschaft grenzt diese numerische Berechnung von der FVM ab. In der FVM werden finite Volumen aus festen Netzen über die Ein- und Austritte bilanziert. In der Berechnung der trockenen und der feuchten Gipsschicht wird das Volumenelement mit einem dynamischen Netz bilanziert.

Dies hängt mit der Temperatur und damit einhergehenden Verdampfung des Wassers aus der feuchten Gipsschicht zusammen. Sinkt der Trocknungsspiegel ab, wird die trockene Gipsschicht größer. Die Bilanzierung ist in Abbildung 3.5 dargestellt.

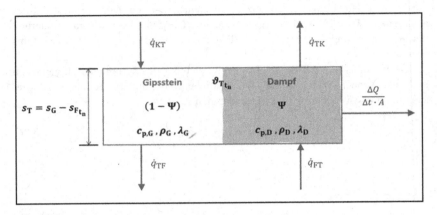

Abbildung 3.5 Bilanzierung der trocknen Gipsschicht

Der eingehende Wärmestrom $\dot{q}_{KT}$ wird durch die Wärmeleitung vom Karton in die trockene Gipsschicht bedingt. Der ausgehende Wärmestrom $\dot{q}_{TF}$ wird durch die Wärmeleitung von der trockenen Gipsschicht in die feuchte Gipsschicht bedingt. Der Wärmestrom $\dot{q}_{FT}$ beschreibt die Wärme, die durch den entstandenen Dampf durch die trockene Gipsschicht geleitet wird. Da dieser Dampf vom Trocknungsspiegel und damit von einer niedrigeren Temperatur aus durch die Schicht geleitet wird, ist der effektive Wert der eingehenden Wärme negativ. Der Wärmestrom $\dot{q}_{TK}$ beschreibt den Wärmestrom, der durch den durchtretenden Dampf an den Karton abgegeben wird. Durch diese Definition der Wärmeströme sind während der Aufheizphase nur die Wärmeströme durch Wärmeleitung zu berücksichtigen. Bei Erreichen der Siedetemperatur am Trocknungsspiegel sind alle genannten Wärmeströme zu berücksichtigen.

Die Bilanzierung der trockenen Gipsschicht ergibt sich aus den ein- und ausgehenden Wärmeströmen durch Wärmeleitung und den ein- und ausgehenden Wärmeströmen durch den strömenden Dampf.

$$\Delta\dot{q} = \dot{q}_{KT} - \dot{q}_{TF} + \dot{q}_{FT} - \dot{q}_{TK} \tag{3.29}$$

Zur Berechnung des eingehenden Wärmestromes durch Wärmeleitung von der Kartonschicht zur trocknen Gipsschicht $\dot{q}_{KT}$ ist die Temperaturdifferenz der Schichten $\vartheta_K - \vartheta_T$, die Wärmeleitfähigkeit des Kartons λ_K und der Abstand der beiden Temperaturpunkte s_K relevant.

$$\dot{q}_{KT} = \frac{\lambda_K}{s_K}(\vartheta_K - \vartheta_T) \tag{3.30}$$

Für den ausströmenden Wärmestrom durch Wärmeleitung $\dot{q}_{TF}$ ist die Wärmeleitfähigkeit der trockenen Schicht λ_T, die aktuelle Schichtdicke der trockenen Gipsschicht $s_T = s_{ges} - s_{t_n}$ und die Temperaturdifferenz $\vartheta_T - \vartheta_F$ zur feuchten Gipsschicht relevant. Der Wert der Wärmeleitfähigkeit λ_T wird nach Gleichung (3.15) angenommen.

$$\dot{q}_{TF} = \frac{\lambda_T}{s_{ges} - s_{t_n}}(\vartheta_T - \vartheta_F) \tag{3.31}$$

Die aus- und eingehenden Wärmeströme $\dot{q}_{FT}$ und $\dot{q}_{TK}$ durch den strömenden Dampf ergeben sich in Abhängigkeit der Dampfmassenströme $\dot{m}_D$, der Wärmekapazität von Dampf $c_{P,D}$ und der jeweiligen Temperaturdifferenz der Schichten $\vartheta_T - \vartheta_F$ bzw. $\vartheta_K - \vartheta_T$. Die geringen Trocknungsraten und niedrigen spezifischen Wärmekapazitäten lassen diese Wärmeströme eigentlich vernachlässigbar klein werden. Vollständigkeitshalber sind sie dennoch berücksichtigt.

$$\dot{q}_{FT} = -\dot{m}_D\, c_{P,D}(\vartheta_T - \vartheta_F) \tag{3.32}$$

$$\dot{q}_{TK} = -\dot{m}_D\, c_{P,D}(\vartheta_K - \vartheta_T) \tag{3.33}$$

Die Temperaturänderung der Schicht ergibt sich aus der Wärmestrombilanz $\Delta\dot{q}$ und der wirkenden Zeit Δt. Die Wärmekapazität $c_{P,T}$, die Dichte ρ_T und die Schichtstärke s_T werden nach den Gleichungen (3.13), (3.17) und (3.19) bestimmt.

$$\vartheta_{T_{t_{n+1}}} = \vartheta_{T_{t_n}} + \frac{\Delta\dot{q}\,\Delta t}{c_{P,T}\,\rho_T\,s_T} \tag{3.34}$$

3.2.1.3 Bilanzierung der feuchten Gipsschicht

Es ist davon auszugehen, dass sich keine Luft in den Strukturen des Gipses befindet. Im Herstellungsprozess ist mehr Wasser als stöchiometrisch für die Reaktion notwendig hinzugefügt, daher ist diese Annahme für die reale Anwendung in der Produktion gültig. Wird eine trockene Gipsplatte wieder aufgefeuchtet, trifft diese Annahme nicht zu da das Wasser möglicherweise nicht bis in die kleinen Kapillaren vordringen kann (vgl. Abschnitt 4.1.4). Die Bilanzierung ist in Abbildung 3.6 dargestellt.

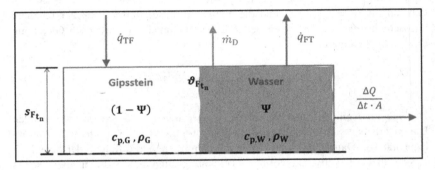

Abbildung 3.6 Bilanzierung der feuchten Gipsschicht

Das gewählte Kontrollvolumen hat eine zeitlich veränderliche Stärke wobei mögliche Schrumpfungs- und Ausdehnungseffekte vernachlässigt werden. Unterhalb des dargestellten Volumenelements befindet sich die Symmetrielinie[2], daher sind über diese Grenze keine Wärme- oder Stoffströme zu definieren.

Oberhalb des dargestellten Elements ist der Wärmeaustausch mit dem Element „trockene Gipsschicht" über die Wärmestromdichte $\dot{q}_{TF}$ als eingehende Größe dargestellt. Der eingehende Wärmestrom erwärmt die Schicht bis zur Siedetemperatur. Ist diese erreicht wird die eingehende Wärme für die Verdampfung des Wassers verwendet. Der ausgehende Wärmestrom $\dot{q}_{FT}$ beschreibt den Wärmestrom der durch den Dampf aus der feuchten Gipsschicht in die trockene Gipsschicht mitgenommen wird.

---

[2] In dem Berechnungsfall „Vergleich mit dem Experiment" wird die Symmetrielinie durch eine adiabate Randbedingung ersetzt. Die meisten Gleichungen bleiben dieselben, nur die Halbierung der Schichtstärke fällt weg.

Die zeitliche Änderung der Temperatur wird über die Energiebilanzierung des Elements und deren Wärmekapazität gebildet. Bei erreichter Siedetemperatur wird die Verdampfungsenthalpie des entstandenen Dampfmassenstroms berücksichtigt.

Die Bilanzierung der feuchten Gipsschicht ergibt sich aus dem eingehenden Wärmestrom durch Wärmeleitung und dem ausgehenden Wärmestrom durch den strömenden Dampf. Die Entstehung des Dampfes ist von der Siedetemperatur abhängig.

Eine Temperaturänderung der Schicht tritt nur unterhalb der Siedetemperatur auf.

$$\vartheta_{t_n} < \vartheta_{Siede} \Rightarrow s_{t_{n+1}} = s_{t_n} = s; \ \Delta\dot{q} = \dot{q}_{TF} - \dot{q}_{FT} \tag{3.35}$$

$$\vartheta_{F_{t_{n+1}}} = \vartheta_{F_{t_n}} + \frac{\Delta\dot{q} \ \Delta t}{c_{P,F} \ \rho_F \ s_F} \tag{3.36}$$

Denn falls die Siedetemperatur erreicht ist wird der Wärmestrom zur Verdampfung $\dot{q}_v$ gleich $\dot{q}_{TF}$ gesetzt und $\Delta\dot{q} = 0 \text{W/m}^2$.

$$\vartheta_{t_n} \geq \vartheta_{Siede} \Rightarrow \dot{q}_{TF} = \dot{q}_v \Rightarrow \vartheta_{t_{n+1}} = \vartheta_{t_n}; \ \Delta\dot{q} = \dot{q}_{TF} - \dot{q}_v = 0 \text{W/m}^2 \tag{3.37}$$

$$\dot{m}_D = \frac{\dot{q}_v}{h_v} \tag{3.38}$$

Ist die Siedetemperatur erreicht geht, der Verdampfungswärmestrom $\dot{q}_v$ über die Verdampfungsenthalpie h_v in den Dampfmassenstrom bzw. die Trocknungsrate $\dot{m}_D$ über.

3.2.1.4 Energiebilanz des Trocknungsspiegels

Das Berechnungsmodell berücksichtigt den über die Zeit sinkenden Trocknungsspiegel, indem ermittelt wird, um welche Distanz dieser je Rechenschritt in der Gipsschicht absinkt.

Ist die Siedetemperatur des Wassers erreicht und ein Wärmestrom wird ins Kontrollvolumen eingeleitet, wird eine Menge Wasser nach Gl. (2.42) in Dampf umgewandelt.

Damit ändert sich die verbleibende Menge flüssigen Wassers. Die neue Höhe des Trocknungsspiegels verändert die Aufteilung der Schichten „trockener Gips" und „feuchter Gips".

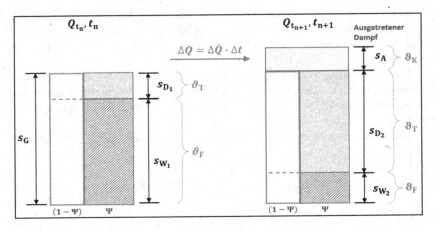

Abbildung 3.7 Bilanzierung des sinkenden Trocknungsspiegels

Anhand Abbildung 3.7 wird die Herleitung der Gl. (3.43) erkennbar. Der Energiegehalt Q_{t_n} wird zum Zeitpunkt t_n für eine parallele Anordnung aus Gips und Wasser bzw. Gips und Dampf ermittelt. Nach einer zeitlichen Differenz Δt ist die Wärme ΔQ in das Volumenelement eingegangen und hat den Trocknungsspiegel abgesenkt. Der entstandene Dampf verdrängt vorhandenen Dampf und lässt diesen aus dem Kontrollvolumen austreten. Die beiden Energiezustände werden ermittelt und daraus die Abhängigkeit des Trocknungsspiegels von den Parametern sowie der eingehenden Wärmestromdichte hergeleitet. Ausgangspunkt bildet der Vergleich der Energiezustände unter Berücksichtigung der zugeführten Wärme.

$$\Delta Q = Q_{t_{n+1}} - Q_{t_n} = \Delta \dot{Q}(t_{n+1} - t_n) \qquad (3.39)$$

Als eine Vereinfachung wird die Erwärmung und die Drückerhöhung in der Gipssicht vernachlässigt.

$$\vartheta_{T_{t_n}} \approx \vartheta_{T_{t_{n+1}}} ; \; \vartheta_{K_{t_n}} \approx \vartheta_{K_{t_{n+1}}} ; \; \vartheta_{F_{t_n}} = \vartheta_{F_{t_{n+1}}} \qquad (3.40)$$

$$P_{t_n} = P_{t_{n+1}} = P_{abs} \qquad (3.41)$$

Die fiktive Schichthöhe des ausgetretenen Dampfes ergibt sich aus der Wärme-
änderung ΔQ, der zeitlichen Wirkdauer Δt, der Verdampfungsenthalpie h_v und
den Dichten des Dampfes $\rho_{D,F}$ und des Wassers ρ_W.

$$s_A = \frac{\Delta Q\,\Delta t}{h_v\,A}\left(\frac{1}{\rho_{D,F}} - \frac{1}{\rho_W}\right) = \frac{\Delta q\,\Delta t}{h_v}\left(\frac{1}{\rho_{D,F}} - \frac{1}{\rho_W}\right) \tag{3.42}$$

Nach Aufstellung der jeweiligen thermischen Energiegleichungen deren Umfor-
mung und Vereinfachung der Gleichung ergibt sich die Abhängigkeit von der
Trocknungsspiegeländerung Δs vom der eingehenden Wärmestromdichte $\Delta \dot{q}_v$
und den Stoffparametern.

$$\Delta s = s_{w_n} - s_{w_{n+1}} = -\frac{\Delta \dot{q}_v\,\Delta t\big(h_v\,\rho_D - \vartheta_K\,c_{P,D}(\rho_W - \rho_D)\big)}{h_v\,\rho_W\big(\Psi(\rho_W\,\vartheta_F\,c_{P,W} - \rho_D(h_v + \vartheta_T\,c_{P,D})) - (1 - \Psi)c_G\,\rho_G(\vartheta_T - \vartheta_F)\big)} \tag{3.43}$$

Die Gleichung beschreibt um welchen Wert der Trocknungsspiegel in Abhängigkeit der eingehenden Wärme absinkt. Die Bewegung des Dampfes, welcher
am Trocknungsspiegel entsteht geht durch die trockene Gipsschicht und die
Kartonschicht. Daher haben die Temperaturen ϑ_T und ϑ_K einen Einfluss auf
die Energiebilanz. Da die Grenze der feuchten und trocknen Gipsschicht sich
verschiebt hat auch die sich ändernde Temperatur des Gipses einen Einfluss.

3.2.2 Berechnungsschema

In diesem Abschnitt wird das Berechnungsschema vorgestellt. Die Zusammenhänge der verschiedenen Schichten sind im vorausgegangenen Abschnitt
dargestellt und erklärt worden. Darauf aufbauend wird nun der Ablauf der
Berechnung dargestellt.

Zuerst werden die Berechnungsparameter gewählt. Die Stoffdaten sind zusammen mit weiteren Berechnungsparametern in Tabelle 3.4 und Simulationsparameter in Tabelle 3.5 zusammengefasst. Es folgt die Initialisierung für den ersten
Berechnungsschritt. Danach lässt sich die Berechnung in einer Schleife aus immer
wiederkehrenden Schritten beschreiben, bis die gewünschte Berechnungszeit
erreicht ist.

Tabelle 3.4 Berechnungsparameter

Größe	Parameter	Wert	Einheit
Lufttemperatur	ϑ_L	150	°C
Strömungsgeschwindigkeit	v_L	5	m/s
Beladung Luft	x_L	50	g/kg
Stärke Gipskartonplatte (gesamt)	s_{GKB}	0,0125	m
Länge der Gipskartonplatte	l	1	m
Breite des Gipskartonplatte	b	1	m
Siedetemperatur	ϑ_{Siede}	100	°C
Verdampfungsenthalpie bei Siedetemperatur	h_v	$2{,}257 * 10^6$	J/kg
Anfangstemperatur	ϑ_{ini}	40	°C
Wärmeübergangskoeffizient	α	21	W/(m2 K)
Stärke Karton	s_K	0,5	mm
Spezifische Wärmekapazität Karton	c_K	1250	J/(kg K)
Dichte Karton	ρ_K	740	kg/m^3
Wärmeleitfähigkeit Karton	λ_K	0,14	W/(m K)
Stärke Gips	s_G	11,5	mm
Spezifische Wärmekapazität Gipsstein	c_G	1250	J/(kg K)
Dichte Gipskartonplatte	ρ_{GKB}	800	kg/m^3
Dichte Gipsstein	ρ_{GS}	2315	kg/m^3
Wärmeleitfähigkeit Gipsstein	λ_{GS}	1,3	W/(m K)
Spezifische Wärmekapazität Wasserdampf	$c_{P,D}$	2050	J/(kg K)
Dichte Wasserdampf	ρ_D	0,6	kg/m^3
Wärmeleitfähigkeit Wasserdampf	λ_D	0,025	W/(m K)
Spezifische Wärmekapazität Wasser	$c_{P,W}$	4220	J/(kg K)
Dichte Wasser	ρ_W	1000	kg/m^3
Wärmeleitfähigkeit Wasser	λ_W	0,68	W/(m K)

Tabelle 3.5
Simulationsparameter

Simulationsgröße	Parameter	Wert	Einheit
Simulationszeit	t_{sim}	12	h
Zeitschrittweite	Δt	0,0215	s
Anzahl der Schritte	*steps*	2012286	[–]

3.2.2.1 Initialisierung

Die Startwerte der Berechnung werden mit der Initialisierung festgelegt. Des Weiteren werden die Zeitschrittweite der Berechnung und die Anzahl der notwenigen Schritte bis zum Ende der Simulationszeit bestimmt. Die Anfangstemperaturen der verschiedenen Schichten sowie die Stärke der trocknen Gipsschicht werden festgelegt. Daraus ergeben sich die Anfangsfeuchte und das Anfangsgewicht der Gipskartonplatte.

Die Berechnung der Stoffeigenschaften für die trockene Gipsschicht und die feuchte Gipsschicht werden nach Gln. (3.13), (3.15) und (3.17) bzw. (3:14), (3.16) und (3.18) durchgeführt.

$$c_{P,T} = 1081\frac{J}{kg\,K}; \lambda_T = 0,4656\frac{W}{m\,K}; \rho_T = 800,4\frac{kg}{m}$$

$$c_{P,F} = 2493\frac{J}{kg\,K}; \lambda_F = 0,8943\frac{W}{m\,K}; \rho_F = 1454\frac{kg}{m}$$

Für die Festlegung der Zeitschrittweite kann die Gl. (3.4) verwendet werden[3]. Diese setzt die maximale Temperaturänderung der trockenen Gipsschicht fest.

$$\Delta t = 0,0215\,s, \text{mit} f_\vartheta = 10$$

Die erforderlichen Berechnungsschritte werden darauf hin bestimmt und gerundet.

$$\frac{t_{sim}}{\Delta t} \approx steps = 2012286$$

Die Temperaturen der verschiedenen Schichten werden auf die Starttemperatur gesetzt, die Stärke der trockenen Gipsschicht wird auf die Anfangsstärke gesetzt. Die gewählte Anfangstemperatur entspricht der technisch typischen Temperatur beim Eintritt in den industriellen Trockner.

$$s_{T,Ini} = 1,15 \times 10^{-4}\,m$$

$$\vartheta_{K,1} = \vartheta_{T,1} = \vartheta_{F,1} = \vartheta_{ini} = 40°C$$

---

[3] In der Praxis zeigt sich, dass die verwendete Gleichung zur Bestimmung der kritischen Zeitschrittweite einen guten Anhaltswert, aber keine Garantie für eine stabile Rechnung ergibt.

Bei einer Gipskartonplatte ergibt sich aus der anfänglichen Wassermasse und der Gips- und Kartonmasse eine anfängliche Feuchte nach Gl. (3.12). Für das vorgestellte Modell sind die Massen je Fläche berechnet.

$$G_G = 9,2\frac{kg}{m}; \; G_K = 0,37\frac{kg}{m}; \; G_W = 7,45\frac{kg}{m}; \; X_F = 77,85\%$$

3.2.2.2 Berechnungsschleife

Aus den vorherigen Iterationen bzw. der Initialisierung wird die Stärke der trockenen Schicht verwendet, um die Höhe des Trocknungsspiegels zu ermitteln. Aus der Höhe des Trocknungsspiegels lassen sich die Wasser- und die Gesamtmasse bestimmen, daher ist die Feuchte bestimmbar. Der Trocknungsspiegel teilt die trockene und die feuchte Gipsschicht, daher werden die Wärmeübergangskoeffizienten von der trockenen zur feuchten Schicht und die thermischen Trägheiten der trockenen und feuchten Schicht neu bestimmt.

Damit sind die Wärmeströme durch Wärmeleitung bestimmbar. Die eingehende Wärmeenergie in die feuchte Gipsschicht hängt von mehreren Faktoren ab:

Fall 1:   Die Temperatur der feuchten Schicht befindet sich unterhalb der Siedetemperatur: Der eingehende Wärmestrom aus der Wärmeleitung erhöht die Temperatur der Schicht. Die Wassermenge bleibt konstant.

Fall 2:   Die Temperatur der feuchten Schicht ist gleich oder größer als die Siedetemperatur: Der eingehende Wärmestrom aus der Wärmeleitung verdunstet die entsprechende Menge Wasser. Die Temperatur bleibt konstant.

Fall 3:   Das Wasser wurde vollständig verdampft: Die Temperatur der feuchten Schicht nimmt die Temperatur der trockenen Schicht an. Ohne ein Temperaturgefälle findet kein Wärmeübergang mehr statt.

Für den Fall 2 lässt sich die verdampfte Masse Wasser in einen Verdampfungsmassenstrom umrechnen. Das zeitliche Integral dieses Verdampfungsmassenstroms ergibt die gesamte Menge des verdampften Wassers.

Um die inneren Wärmeübergänge durch den strömenden Dampf innerhalb der Platte quantifizieren zu können wird geprüft, ob in der feuchten Gipsschicht bereits die Siedetemperatur erreicht ist. Erst dann wird neuer Dampf erzeugt und innerhalb des Gipses bewegt. Es ist zu beachten, dass sich der Dampf aus der feuchten Schicht zur Umgebung hin gegen das Temperaturgefälle bewegt. Der Dampf nimmt über den Austrittsweg eine höhere Temperatur an und wirkt daher „kühlend" für die Schicht des trockenen Gipses und den Karton. Dieser Kühlungseffekt fällt aber aufgrund der verhältnismäßig geringen Dichte des Dampfes und niedrigeren verdampften Mengen Wasser gering aus.

Die bereits definierten Wärmestrombilanzen der einzelnen Schichten lassen sich nun berechnen und die daraus resultierenden Temperaturänderungen, die Trocknungsspiegelsenkung und die Dampfmassenströme für die nächste Iteration verwenden. Die Schleife endet sobald die bestimmte Anzahl an *steps* erreicht wurde. Der Programmablauf ist im Flussdiagramm in Abbildung 3.8 dargestellt.

3.2.3 Ergebnisse

Die Ergebnisse des Berechnungsschemas zeigen in sich schlüssige Daten. Die Massen- und Energiebilanzen werden im Rahmen der numerischen Genauigkeit eingehalten. Der Verlauf der Temperatur der verschiedenen Schichten zeigt eine Aufwärm-, eine Verdampfungs- und eine Überhitzungsphase. Der sinkende Trocknungsspiegel zeigt einen annährend linearen Verlauf. Er hat ein Plateau während der Aufheizphase und liegt nach vollständiger Verdampfung bei null (vgl. Abbildung 3.10). Die Flächenmasse der Gipskartonplatte nimmt parallel zum absinkenden Trocknungsspiegel ab. Die Trocknungsrate liegt auf einem niedrigen Niveau und zeigt den charakteristischen Verlauf der Trocknungsrate im zweiten Trocknungsabschnitt (vgl. Abbildung 2.7). Die Trocknungszeit für die vollständige Trocknung der Gipskartonplatte ist mit $t_{Ende} = 12Std = 43200s$ angegeben. Die Ergebnisse aus dem beschriebenen Beispiel sind in den Abbildung 3.9, 3.10 und 3.11 dargestellt.

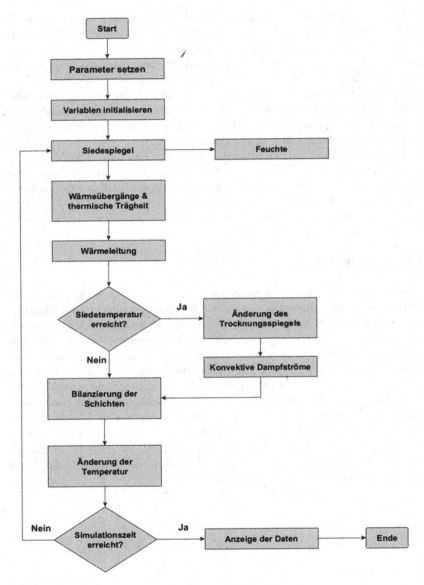

Abbildung 3.8 Berechnungsschema „sinkender Trocknungsspiegel"

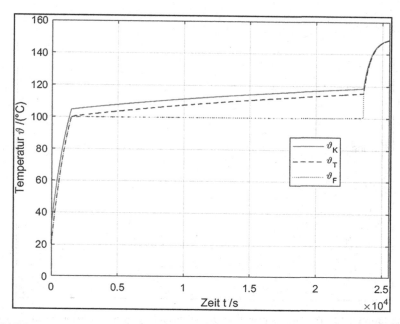

Abbildung 3.9 Temperaturverlauf der Beispielrechnung, Temperaturen der Karton-, trockenen und feuchten Gipsschicht $\vartheta_K, \vartheta_T, \vartheta_F$

3.2.4 Vergleich zur Literatur und Experiment

3.2.4.1 Literatur

In der Literatur gibt es einige Veröffentlichungen zur Berechnung der Trocknungsverläufe von Gipskartonplatten. Die Veröffentlichung von (Defraeye et al. 2012) behandelt die Trocknungsverläufe von Gipskartonplatten mit und ohne Kartonschicht und berechnet die Trocknungsverläufe über das HAM[4]-Modell. Die Berechnung geht in einem Fall von einem konstanten mittleren Wärmeübergangskoeffizienten über die Plattenlänge aus. Die Gipskartonplatte wird als symmetrisch angenommen und daher nur bis zur Symmetrielinie betrachtet.

Die Temperaturen der dort vorgestellten Simulation liegen mit 20°C weit unter den Temperaturen industrieller Trockner (150...250°C). Durch diese unterschiedlichen Temperaturniveaus lässt sich erkennen, dass in der Veröffentlichung

---

[4] heat-air-moisture

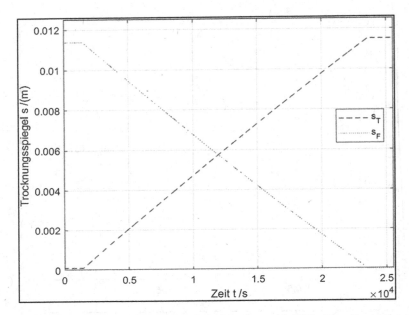

Abbildung 3.10 Trocknungsspiegel der Beispielrechnung, Schichtstärken der trockenen und feuchten Gipsschicht s_T, s_F

eine Verdunstungstrocknung gerechnet und im Rahmen der vorgelegten Arbeit eine Verdampfungstrocknung gerechnet wird. Daher bleibt die Übertragbarkeit der Ergebnisse von der Verdunstungstrocknung auf die Verdampfungstrocknung fraglich. Eine direkte Vergleichbarkeit der Ergebnisse von (Defraeye et al. 2012) ist nicht gegeben, da das vorgestellte Modell des sinkenden Trocknungsspiegels davon ausgeht, dass die Verdampfungstrocknung die dominante Rolle für die Trocknung spielt und die Siedetemperatur bei den Randbedingungen aus (Defraeye et al. 2012) nicht erreicht wird.

3.2.4.2 Experimente

Die Einordnung der Berechnungsergebnisse ist über zwei experimentelle Datensätze möglich. Zum einen ist ein Temperatur- und Feuchteverlauf für eine Gipskartonplatte in (Kast 1989) angegeben, zum anderen stehen zum Zeitpunkt der Verschriftlichung der Ergebnisse die ersten Messdaten aus dem Versuchstrockner zur Verfügung.

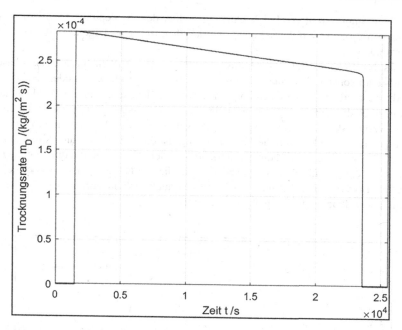

Abbildung 3.11 Trocknungsrate der Beispielrechnung, Trocknungsrate des zweiten Trocknungsabschnitts $\dot{m}_D$

3.2.4.2.1 Daten Kast 1989

Die Daten sind in Abbildung 3.12 dargestellt. Als Randbedingung wird die Luftgeschwindigkeit $w_\infty = 10\frac{m}{s}$, die Lufttemperatur $\vartheta_L = 150°C$ und die Luftfeuchte mit $x_L = 30\frac{g}{kg}$ angegeben. Aus den Daten werden die Eigenschaften der Gipskartonplatte nicht ersichtlich. Auch die Abmessungen der Gipskartonplatte sind nicht bekannt. Des Weiteren ist beschrieben, dass die Temperatur im Kern der Gipskartonplatte ermittelt wurde. Die Dichte und die daraus resultierende Porosität lassen sich anhand der Anfangsfeuchte abschätzen. Bei einer Feuchte von $X_A = 42\%$ ist von einer Porosität von $\Psi = 50,7\%$ und einer Dichte von ca. $\rho_{GKB} = 1140\frac{kg}{m^3}$ auszugehen.

Die Messdaten der Feuchte weisen im späteren Trocknungsverlauf negative Werte auf. Das im Gips gebundene Wasser unterliegt höheren Bindungsenergien und verdampft damit erst bei Temperaturen über dem Siedepunkt. Die Verdampfung von gebundenem Wasser hängt mit der gleichzeitig ansteigenden Temperatur zusammen.

Es bilden sich drei Temperaturzonen aus. Eine Aufheizphase, eine Phase annährend konstanter Temperatur und eine Überhitzungsphase, nachdem das freie und das kapillare Wasser verdampft ist. Der schematische Verlauf der Feuchte kann über die Trocknungszeit auch in drei Phasen gegliedert werden, die mit dem Verlauf der Temperatur zusammenhängen. Gibt es starke Änderungen in der Temperatur, so ändert sich die Feuchte wenig. Ist die Temperatur annährend konstant, so ändert sich die Feuchte stark. Bei gleichbleibenden Randbedingungen wirkt die eingehende Wärme entweder auf in die Verdampfung von Wasser oder für die Erwärmung des Gutes ein. So ist es auch in dem vorgestellten Modell „Sinkender Trocknungsspiegel" berücksichtigt.

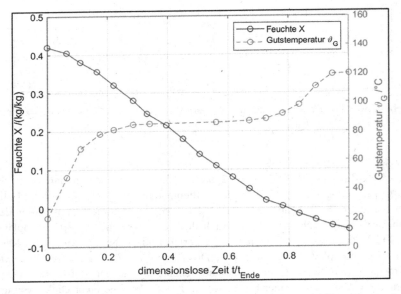

Abbildung 3.12 Trocknung von Gipskartonplatten: Trocknungs- und Temperaturverlauf (im Plattenkern) (Kast 1989)

$$\vartheta_L = 150°C, \, x_L = 30\frac{g}{kg}, \, w_\infty = 10\frac{m}{s}$$

In Abbildung 3.12 sind die Temperatur- und Feuchteverläufe von Gipskartonplatten aus (Kast 1989) dimensionslos über die Trocknungszeit dargestellt. Die
Feuchte X der Gipskartonplatte hat zu Beginn der Trocknung einen Wert von ca.
$0,42\,\frac{kg}{kg}$ und endet mit einem Wert von ca. $-0,6\,\frac{kg}{kg}$. Ein negativer Feuchtewert
sagt aus, dass Teile des gebundenen Wassers aus der Gipskartonplatte heraus-
gelöst wurden was zur Kalzinierung des Gipses führt. Die Gutstemperatur ϑ_G
startet bei der Trocknung mit ca. 20°C und endet bei 120°C in einem Tempe-
raturplateau. Nach der Aufheizphase bis auf ca. 90°C verharrt die Temperatur
des Gipskerns (Messposition) auf diesem Niveau und steigt mit dem Fallen der
Feuchte auf $X = 0\,\frac{kg}{kg}$ bis zur Endtemperatur an. Es ist auffällig, dass die Endtemperatur nicht der Temperatur der Trocknerluft von $\vartheta_L = 150°C$ entspricht.
Dies hat mit der Energieaufnahme bei der Kalzinierung zu tun.

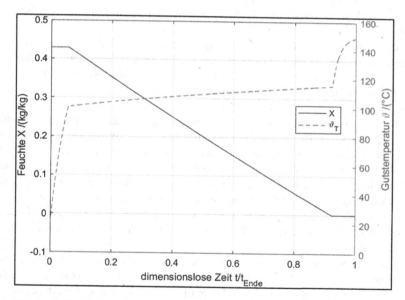

Abbildung 3.13 Berechneter Trocknungsverlauf „Sinkender Trocknungsspiegel"

$$\vartheta_L = 150°C, x_L = 30\frac{g}{kg}, w_\infty = 10\frac{m}{s}$$

In Abbildung 3.13 ist der berechnete Temperatur- und Feuchteverlauf für die genannten Umgebungsbedingungen dimensionslos über die Trocknungszeit dargestellt. Dabei beschreibt ϑ_T die Gutstemperatur anhand der Temperatur der trockenen Gipsschicht des Modells. Diese beträgt wie im Experiment eine Anfangstemperatur von 20°C und steigt in der Aufheizphase bis auf die Siedetemperatur von $\vartheta_{Siede} = 100°C$ an. Während der Verdampfung steigt die Temperatur auf ca. 118°C bevor diese dann mit Erreichen der Feuchte von $X = 0\frac{kg}{kg}$ auf die Überhitzungstemperatur ansteigt, welche der Trocknungsluft von $\vartheta_L = 150°C$ entspricht. Die Feuchte X des Guts startet bei einem Wert von $X_A = 0{,}43\frac{kg}{kg}$. Dieser Wert ändert sich im Verlauf der Aufheizung nicht. Mit Erreichen der Siedetemperatur nimmt die Feuchte kontinuierlich, aber nicht linear, ab. Ist die Feuchte von $X = 0\frac{kg}{kg}$ erreicht bleibt diese bis zum Trocknungsende bei null.

Das Trocknungsende wird in dieser Berechnung bei Annäherung der Gutstemperatur an die Trocknertemperatur definiert. Diese Annäherung liegt bei ca. 99%.

Im direkten Vergleich der Abbildung 3.12 und Abbildung 3.13 zeigen sich starke Ähnlichkeiten der Temperatur- und Feuchteverläufe über der Zeit. Hierbei ist zu beachten, dass die Verläufe der über eine dimensionslose Zeit aufgetragen sind. Die absoluten Zeiten für das Experimente sind $t_{Ende} = 3270s = 54\ min\ 30\ s$ und für die Berechnung $t_{Ende} = 25560s = 426min = 7\ h\ 6\ min$.

Diese großen Unterschiede in der Trocknungszeit lassen sich durch sehr geringe berechnete Trocknungsraten erklären. Die Vernachlässigung der Verdunstung für Temperaturen unterhalb der Siedetemperatur, führt in diesen Bereichen zu Abweichungen. Während im Experiment bereits eine Abnahme der Feuchte in diesem Bereich zu verzeichnen ist, wird diese vom Berechnungsmodell nicht berücksichtigt. Diese Vereinfachung unterschätzt die reale Trocknungsrate und verlängert die Trocknungszeit aufgrund der vernachlässigten Flüssigkeitsbewegung (Ausbildung des ersten Trocknungsabschnittes) und der unterschätzten Verdunstung.

Ein weiterer Unterschied ist in den Temperaturbereichen der beiden Gutstemperaturen sichtbar. Die Gutstemperatur aus dem Experiment von (Kast 1989) hält sich bei einem Niveau von ca. 85°C, bevor die freie und kapillare Feuchte entfernt sind. Die Siedetemperatur wird in der Berechnung als Parameter vorgegeben. Messdaten der Projektpartner ergeben, dass die Gutstemperatur eher auf einem Niveau von 98...100°C liegt. Eine Änderung der Siedetemperatur ergibt sich bei anderem absoluten Druck der Flüssigkeit. Der Kapillardruck verringert den Flüssigkeitsdruck. Die Dampfströmung vom Inneren der Gipskartonplatte nach außen erhöht den Flüssigkeitsdruck. Beide Einflüsse werden auch in Extremfällen nicht so groß, dass eine derartige Abweichung der Haltetemperatur zu erklären ist. Das Temperaturniveau am Ende der Trocknung liegt im Experiment von (Kast 1989) weit unter der Temperatur der Trocknungsluft. Während sich die berechnete Gutstemperatur an die Umgebungstemperatur anpasst, bleibt die experimentelle Temperatur darunter,

3.2.4.2.2 Daten Weber 2021

Die in Abschnitt 2.1.4.7 dargestellten Versuchsergebnisse zeigen einen hochaufgelösten Feuchteverlauf, dennoch fehlen Informationen über die Gutstemperatur der Gipskartonplatte. Die Lufttemperatur $\vartheta_L = 150°C$ und Luftfeuchte $x_L = 40\frac{g}{kg}$ werden konstant geregelt. Die experimentelle Trocknungszeit liegt bei $t_{Ende} \approx 175$min und unter der berechneten Trocknungszeit $t_{Ende} = 28800s = 480$min $= 8$ h. Anhand dieser Messergebnisse lassen sich besonders gut die Unterschiede in den gemessenen und berechneten Trocknungsraten aufzeigen.

Das Trocknungsende der Berechnung liegt bei Annäherung der Gutstemperatur auf 99% der Trocknungstemperatur.

In Abbildung 3.14 werden die Trocknungsraten der Berechnung und der Messung dargestellt. Die Daten sind über die Trocknungsdauer normiert. Die gemessene Trocknungsrate erstreckt sich zwischen den Trocknungsabschnitten über ca. eine Größenordnung, während die berechnete Trocknungsrate nur leicht über die Trocknungsdauer variiert. Aus der gemessenen Trocknungsrate lassen sich leicht die verschiedenen Trocknungsabschnitte erkennen (vgl. Abbildung 2.7), während die Berechnung den charakteristischen Verlauf einer Trocknung nicht widerspiegelt. Die absoluten Werte der Trocknungsrate liegen nur am Ende des zweiten Trocknungsabschnitts auf gleichem Niveau. Im zeitlichen Verlauf der Trocknung sollte beachtet werden, dass in der Berechnung die beiden Aufheizphasen der Gipskartonplatte am Anfang und am Ende der Trocknung berücksichtigt wurden. Durch die Annahmen des Berechnungsmodells sind die Trocknungsraten in diesen Bereichen daher $\dot{m}_D = 0\frac{kg}{m^2 s}$. In der Messung wurden diese Bereiche nicht mit aufgenommen bzw. sind nicht durch Daten der Gipskartonplattentemperatur nachvollziehbar.

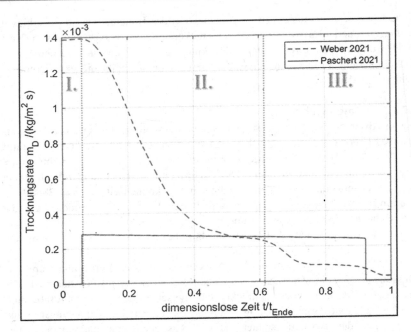

Abbildung 3.14   Vergleich berechneter und gemessener Trocknungsraten

Tabelle 3.6   Vergleich der Flächenmassen von Berechnung und Experiment

	Experiment	Berechnung	Abweichung
Feuchtflächenmasse	$12{,}6\,\frac{kg}{m^2}$	$17{,}02\,\frac{kg}{m^2}$	$4{,}42\,\frac{kg}{m^2}$
Trockenflächenmasse	$7{,}2\,\frac{kg}{m^2}$	$9{,}57\,\frac{kg}{m^2}$	$2{,}37\,\frac{kg}{m^2}$
Anfangsfeuchte	$75{,}7\%$	$77{,}8\%$	$2{,}1\%\,P.$
Verdampfte Flächenmasse	$5{,}4\,\frac{kg}{m^2}$	$7{,}45\,\frac{kg}{m^2}$	$2{,}05\,\frac{kg}{m^2}$

   Beim Vergleich der Flächenmassen der Messung und der Berechnung fallen Unterschiede auf, welche in Tabelle 3.6. dargestellt sind. Die Berechnung zeigt, dass die gemessenen Massen von feuchter und trockner Gipskartonplatte nicht in allen Annahmen übereinstimmen können. Es muss ein Fehler in der Messung oder in den Annahmen bezüglich des Wassergehalts der Gipsplatte vorliegen.

Wird angenommen, dass die Kapillaren der Gipskartonplatte vollständig mit Wasser gefüllt waren, ergibt sich bei der Plattenstärke von $s = 12,5\text{mm}$ eine Dichte der feuchten Gipskartonplatte von $\rho_{GKB,F} = 1008\frac{\text{kg}}{\text{m}^3}$. Die Dichte der Gipskartonplatte ist nach Gl. (3.18) die Summe der mit der Porosität gewichteten Dichten. Auf die Porosität zurückgerechnet ergibt diese sich zu $\Psi_{\text{tr}} = 99,4\%$. Dies ist ein unüblicher Wert und für Gipskartonplatten nicht erreichbar. Daher ist entweder die Gewichtsmessung oder die Annahme vollständig gefüllter Poren ungültig.

Nach demselben Schema ergibt sich für die trockene Dichte $\rho_{GBK,\text{tr}} = 576\frac{\text{kg}}{\text{m}^3}$ und eine Porosität von $\Psi_{\text{tr}} = 75,2\%$. Nach Abbildung 2.23 liegt diese Porosität im Bereich der Gipskartonplatten die mit Zusätzen erreicht werden kann. Die vollständige Auffeuchtung einer Gipskartonplatte dieser Porosität hätte ein Flächengewicht von $G = 16,6\frac{\text{kg}}{\text{m}^2}$ zur Folge, was nicht der Feuchtflächenmasse entspricht. Unter der Annahme, dass die trockene Dichte $\rho_{GBK,\text{tr}} = 576\frac{\text{kg}}{\text{m}^3}$ beträgt sind bei einer Feuchtflächenmasse von $G_M = 12,6\frac{\text{kg}}{\text{m}^2}$ nur 57,6 % der Kapillaren gefüllt.

Diese überschlägigen Berechnungen zeigen, dass entweder ein Fehler in der Gewichtsmessung vorliegt oder die vollständige Füllung der Kapillaren in der Messung nicht erreicht wurde. Damit werden die Annahmen der Berechnungsparameter in Frage gestellt. Es ist wahrscheinlich, dass bereits vor der Wiegung ein Teil des Wassers entfernt wurde und die Annahme vollständig gefüllter Kapillaren für diesen Versuch nicht zutrifft.

3.2.5   Fazit

Anhand der berechneten und der experimentellen Daten der Gipskartonplattentrocknung lassen sich die Ergebnisse in zwei Kategorien beschreiben:

1. Qualitative Ergebnisse
   Die Berechnungsannahmen sind im Vergleich zu anderen Literaturquellen (vgl. Abschnitte 2.1.2 und 2.2.4) einfach gehalten. Bereits diese einfachen Annahmen und das vorgestellte Berechnungsverfahren können jedoch die qualitativen Verläufe von Gutstemperatur, Feuchte und Trocknungsrate im zweiten Trocknungsabschnitt approximieren. Es konnte gezeigt werden, dass die in dem Modell berücksichtigten Einflüsse den dominierenden Einfluss haben.

Einige Unterschiede im qualitativen Verlauf zeigen sich dadurch, dass keine Trocknung in der Aufheizphase berücksichtigt wird, dort weichen die Verläufe der Feuchte und folglich auch der Trocknungsrate voneinander ab.

2. Quantitative Ergebnisse

In den quantitativen Ergebnissen zeigen sich teilweise deutliche Unterschiede zwischen den Berechnungen und den von (Weber 2021) und (Kast 1989) durchgeführten Experimenten. Der Verlauf der Trocknungsraten stimmt in weiten Bereichen nicht mit den experimentellen Trocknungsraten überein. Des Weiteren fehlt eine Berücksichtigung des vorangegangenen ersten Trocknungsabschnittes. Die Werte der Anfangsfeuchte und der Anfangsmassen der Gipskartonplatte werden in der Berechnung höher eingeschätzt als im Experiment gezeigt wird. Daraus resultiert eine weitere Abweichung der Trocknungszeit in Richtung zu hoher Werte.

Die genauere Betrachtung der Flächenmassen in Tabelle 3.6 legt nah, dass die Annahme vollständig gefüllter Kapillaren für die im Versuch getrocknete Gipskartonplatte nicht zutrifft. Diese Erkenntnis weicht von den Annahmen der Berechnung ab und ist damit eine weitere Erklärung für die großen Abweichungen von den quantitativen Ergebnissen der Messung und der Berechnung.

Einige Vorschläge zur Verbesserung des vorgestellten Modells „sinkender Trocknungsspiegel" werden im folgenden Abschnitt gegeben.

Aufbauende Fragestellungen

Aus der Beschreibung der Theorie und den bisherigen Berechnungsmodellen folgen einige Punkte, die angepasst oder untersucht werden sollten, im Rahmen dieser Arbeit aber nicht mehr betrachtet werden konnten.

Im Abschnitt 4.1 werden einige Vorschläge zur Verbesserung des Berechnungsmodell „sinkender Trocknungsspiegel" gemacht. Dabei handelt es sich in einem Teil um die Verbesserung von einigen Annahmen der Stoffwerte, im anderen Teil um die Erstellung eines erweiterten Modells mit Berücksichtigung des ersten Trocknungsabschnittes bei der Verdampfung.

Im Abschnitt 4.2 werden einige Empfehlungen zu Experimenten gegeben. Dabei geht es vor allem darum getroffene Annahmen der Berechnungsmethodik genauer zu analysieren.

4.1 Verbesserte Berechnungsmodelle

Die bisher betrachteten Modelle „vollständig benetzte Oberfläche" und „sinkender Trocknungsspiegel" können den wahren Trocknungsverlauf einer Gipskartonplatte schematisch, aber nicht quantitativ korrekt darstellen. Im nächsten Schritt sollte die Kapillarstruktur im Gips berücksichtigt werden. Während das Modell „Vollständig benetzte Oberfläche" keine Kapillare berücksichtigt, ist durch den Trocknungsspiegel im Modell „sinkender Trocknungsspiegel" eine Wassersäule berücksichtigt.

Das Kapillarsystem im Gips sorgt jedoch dafür, dass die kleinen Kapillaren durch den geringeren Flüssigkeitsdruck die großen Kapillaren bis zu einem bestimmten Punkt entfeuchten und den Trocknungsspiegel somit konstant halten. In einem nächsten Modell stellt sich die Kernfrage, ab welchem

© Der/die Autor(en), exklusiv lizenziert an Springer Fachmedien Wiesbaden GmbH, ein Teil von Springer Nature 2023
H. Paschert, *Makroskopische Betrachtung von Trocknungsvorgängen an porösen Medien*, Forschungsreihe der FH Münster,
https://doi.org/10.1007/978-3-658-41007-0_4

Feuchtigkeitsgehalt die Siedelinie von einem konstanten Wert abweicht. Diese
Feuchte kann durch die Knickpunktkurve beschrieben werden und hängt mit der
Trocknungsgeschwindigkeit zusammen.

4.1.1   Knickpunktmodell

Während das Modell „sinkender Trocknungsspiegel" einen Flüssigkeitsspiegel
(den Trocknungsspiegel) und eine Kapillare (das Wasser in den Poren des Gipses)
berücksichtigt, könnte das Knickpunktmodell dieses um einen Flüssigkeitsspiegel
und eine Kapillare erweitern. In einem Modell mit zwei Kapillaren, kann sich
aufgrund der verschiedenen Flüssigkeitsdrücke mit verschiedenen Flüssigkeitsspiegeln, auch eine konstante Verdampfungsrate im ersten Trocknungsabschnitt bei
hohen Gutstemperaturen ausbilden. Damit verspricht dieses Modell eine weitere
Annäherung an reale Trocknungskurven von Gipskartonplatten.

   Viele der Berechnungsgrundlagen können vom Modell „sinkender Trocknungsspiegel" übernommen werden. Der grundsätzliche Ablauf der Trocknung
in einem porösen Medium mit zwei Kapillaren unterschiedlicher Weite und zwei
voneinander abhängigen Flüssigkeitsspiegeln wird folgend näher erläutert.

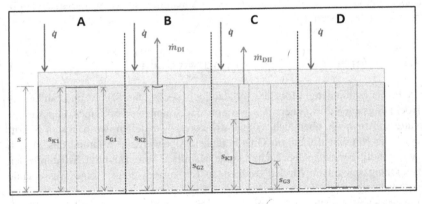

Abbildung 4.1   Verlauf des Trocknungs- und Flüssigkeitsspiegels im Knickpunktmodell

Die Trocknung verläuft wie folgt und bezieht sich auf Abbildung 4.1:

1. Der konvektive Wärmeübergang von der Luft auf die Gipskartonplatte erhöht die Gutstemperatur bis zum Siedepunkt (A).
2. Der eingehende Wärmestrom verdampft nun Wasser von der oberen Kante des Gipses (B). Die Kapillardrücke fördern Wasser von der großen Kapillare zur kleinen Kapillare. Daher verdampft Wasser auf der Höhe von der kleineren Kapillare und der Flüssigkeitsspiegel der größeren Kapillare sinkt ab (A → B).
3. Die Knickpunktfeuchte wird durch die Verdampfungsgeschwindigkeit und Materialstärke auf der Knickpunktkurve bestimmt (siehe Abbildung 4.2, vgl. Gl. 2.38). Alternativ lässt sich die Knickpunktfeuchte über den Knickpunktkapillarhöhe s_{K2} beschreiben. Diese steht mit dem Kapillarsystem, den Kapillarkräften und der Kapillarreibung im Zusammenhang (vgl. Gl. 2.38). Die Knickpunktfeuchte bestimmt das Ende von Zustand B und den Anfang von Zustand C im Trocknungsverlauf. Die Knickpunktfeuchte eines Guts beschreibt den Feuchtigkeitsgehalt bei dem der Trocknungsspiegel ins Gut absinkt und der zweite Trocknungsabschnitt beginnt.
4. Im Zustand C sinkt die kleinere Kapillare ab und die Trocknungsgeschwindigkeit wird aufgrund der begrenzten Temperaturleitfähigkeit der trockenen Schicht verlangsamt. Der zweite Trocknungsabschnitt hat eine absinkende Trocknungsrate durch die stetig steigende Stärke der trockenen Gipsschicht.
5. Die Trocknung endet bei vollständiger Verdampfung des Wassers. Die Trocknung bei Temperaturen oberhalb der Siedetemperatur ermöglich das Trocknen unterhalb der Gleichgewichtsfeuchte. Der dritte Trocknungsabschnitt wird in diesem Modell nicht berücksichtigt.

Eine weitere Erweiterung des Modells „sinkender Trocknungsspiegel" ist in den Abschnitten B und C zu erkennen. Neben den einer vollständig trockenen und einer vollständig feuchten Gipsschicht, ist eine Schicht zu erkennen bei der eine Kapillare mit Wasser und eine andere mit Dampf gefüllt ist. Daher wird neben dem zweiphasigen Modell in 4.1.3.1 auch ein dreiphasiges Modell in Abschnitt 4.1.3.2 eingeführt.

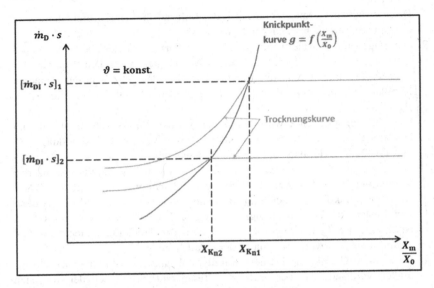

Abbildung 4.2 Schematische Darstellung einer Knickpunktkurve

Die Knickpunktkurve g eines Materials beschreibt die Knickpunktfeuchte[1] X_{K_n} in Abhängigkeit der Trocknungsrate $\dot{m}_{DI}$ und der Stärke des Guts s. Der Zusammenhang der Größen wird in Abschnitt 2.2.4.7 näher beschrieben. Eine Knickpunktkurve gilt nur für ein Material mit einer gleichen Anfangsfeuchte und für gleiche Temperaturen. Die mittlere Feuchte X_m beschreibt die mittlere Feuchte der Gipskartonplatte.

4.1.2　Bestimmung von Stoffwerten für feuchte Luft

Die Stoffdaten von feuchter Luft sind bei der Wärme- und Stoffübertragung der untersuchten Vorgänge in mehreren Gleichungen notwendig. Besonders gilt dies für die Gleichungen für die Berechnung der Trocknungsraten im Bereich der Verdunstung. Sie hängen stets direkt mit dem Partialdruck des Wasserdampfs in der Luft zusammen (vgl. Gl. 2.39). Aber auch die Beschreibung der kinematischen Viskosität wird für die Beschreibung der Durchströmung von Kapillaren oder der

---

[1] Wechsel vom ersten in den zweiten Trocknungsabschnitt

Überströmung der ebenen Platte benötigt (vgl. Gln. 2.38 und 2.12). Die Partial-drücke, Viskosität, Dichte und alle weiteren Stoffwerte hängen von der Beladung der feuchten Luft ab.
Um diese Daten für das breite Spektrum an Temperaturen und Beladungen (vgl. Tabelle 2.2) der Versuche zu bestimmen wird eine rechnerische Bestimmung der Daten empfohlen. Im Rahmen dieser Arbeit wurde mit der Umsetzung begonnen und es können bereits große Teile der relevanten Zustände ermittelt werden. Die dazugehörige Software wird im elektronischen Zusatzmaterial näher beschrieben. Es gibt jedoch Bedarf weiterer experimenteller Daten zum Abgleich der Ergebnisse.

4.1.3 Reale Wärmeleitfähigkeit

Durch Gln. (3.15) und (3.16) wurde angenommen, dass sich Wasser und Gips innerhalb der Gipsschicht wie ein parallelgeschaltetes System verhalten. Durch die mikroskopische Struktur des Gipses ist klar, dass diese Annahme nicht ganz passend sein kann. Folgend werden zwei Modelle erklärt welche die Wärmeleitfähigkeit innerhalb der Gipsplatte besser beschreiben.

4.1.3.1 Zweiphasiges Modell

Neben einer parallelen Anordnung der Stoffe Wasser und Gipsstein, bzw. Wasserdampf und Gipsstein, innerhalb der Gipsschicht sind auch Reihenanordnung denkbar. Um festzustellen welche Anteile die jeweiligen Anordnungsformen haben, müssen die Wärmeleitfähigkeiten der Komponenten Wasser und Gipsstein, bzw. Wasserdampf und Gipsstein, sowie die Porosität bekannt sein. So lassen sich die Wärmeleitfähigkeiten für absolute Parallel- oder Reihenschaltung berechnen. Empirische Werte liegen erfahrungsgemäß zwischen diesen Grenzwerten, bilden also einen gewichteten Mittelwert aus diesen. Werden nun die Wärmeleitfähigkeiten im trockenen bzw. nassen Zustand gemessen, ergibt sich der Gewichtungswert der Schaltungen (vgl. (Krischer und Kast 1978)).

$$\lambda_{\text{Reihe},F} = \frac{1}{\frac{1-\Psi}{\lambda_{GS}} + \frac{\Psi}{\lambda_W}} \tag{4.1}$$

$$\lambda_{\text{Parallel},F} = (1-\Psi)\lambda_{GS} + \Psi\lambda_W \tag{4.2}$$

$$\lambda_F = \frac{1}{\frac{1-a}{\lambda_{\text{Parallel,F}}} + \frac{a}{\lambda_{\text{Reihe,F}}}} \qquad (4.3)$$

$$\lambda_{\text{Reihe,T}} = \frac{1}{\frac{1-\Psi}{\lambda_{\text{GS}}} + \frac{\Psi}{\lambda_{\text{D}}}} \qquad (4.4)$$

$$\lambda_{\text{Parallel,T}} = (1 - \Psi)\lambda_{\text{GS}} + \Psi\lambda_{\text{D}} \qquad (4.5)$$

$$\lambda_T = \frac{1}{\frac{1-a}{\lambda_{\text{Parallel,T}}} + \frac{a}{\lambda_{\text{Reihe,T}}}} \qquad (4.6)$$

$$a = \frac{\lambda_{\text{Parallel,T}} + \lambda_{\text{Reihe,T}}}{\lambda_{\text{Parallel,T}} - \lambda_T} = \frac{\lambda_{\text{Parallel,F}} + \lambda_{\text{Reihe,F}}}{\lambda_{\text{Parallel,F}} - \lambda_F} \qquad (4.7)$$

Der Gewichtungswert a ist ein für das Porensystem spezifischer Wert, daher lässt er sich über die trockene und über die feuchte Wärmeleitfähigkeit bestimmen. Fehlende Größen für die verbessere Beschreibung der Wärmeleitfähigkeit liegt bei den Parametern λ_G, λ_F und a.

Die Wärmeleitfähigkeit einer feuchten Platte λ_F lässt sich messtechnisch erfassen. Aus den verbleibenden Gleichungen ließe sich dann der Gewichtungswert a berechnen.

4.1.3.2 Dreiphasiges Modell

Unter Berücksichtigung auch eines Luftanteils innerhalb der Gipskartonplatte gibt, würde sich die Approximation der Wärmeleitfähigkeit um zwei Terme erweitern (vgl. (Krischer und Kast 1978)). In den getroffenen Annahmen für die Berechnung (siehe Abschnitt 3.2.1) ist argumentiert, dass das Eindringen von Luft in die Gipskartonplatte nicht stattfindet. Daher müssten die Terme mit einem Diffusionsanteil aus den Gleichungen entfernt und das Schaubild angepasst werden. Dieses Wärmeleitfähigkeitsmodell kann in dem vorgeschlagenen nächsten Berechnungsmodell „Knickpunktmodell" eingesetzt werden.

$$\lambda_{\text{Reihe}} = \frac{1}{\frac{1-\Psi}{\lambda_{\text{GS}}} + \frac{\Psi_W}{\lambda_W} + \frac{\Psi - \Psi_W}{\lambda_D}} \qquad (4.8)$$

$$\lambda_{\text{Parallel}} = (1 - \Psi)\lambda_{\text{GS}} + \Psi_W\lambda_W + (\Psi - \Psi_W)\lambda_D \qquad (4.9)$$

$$\lambda = \frac{1}{\frac{1-a}{\lambda_{\text{Parallel}}} + \frac{a}{\lambda_{\text{Reihe}}}} \qquad (4.10)$$

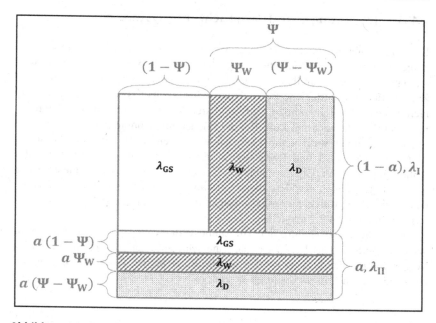

Abbildung 4.3 Dreiphasiges Modell der Wärmeleitung

In Abbildung 4.3 wird das Modell einer dreiphasigen Wärmeleitung dargestellt. Die drei Phasen fest, flüssig und gasförmig werden innerhalb des Gipses
durch Gipsstein, Wasser und Wasserdampf repräsentiert. In dem Knickpunktmodell in Abschnitt 4.1.1 liegt ein dreiphasiges System vor, wenn die dort
beschriebene Flüssigkeitsspiegel ungleiche Höhen haben.

Dieses Ersatzschaltbild der Wärmeleitung unterteilt die Anordnung der wär-
meleitenden Phasen in einen durch parallele Anordnung definierten Teil der
Wärmeleitung λ_I und einen durch Reihenanordnung definierten Teil λ_{II} (vgl.
Abbildung 2.22). Diese werden mit dem porenstrukturspezifischen Wert a
gewichtet. Der jeweilige Anteil der Phase an der Wärmeleitung λ_I bzw. λ_{II}
hängt von dessen Volumenanteil ab. Die feste Phase des Gipssteins hat einen
Volumenanteil $(1 - \Psi)$. Der Anteil des Porenvolumens Ψ wird in ein flüssigen
Volumenanteil Ψ_W und einen gasförmigen Volumenanteil $(\Psi - \Psi_W)$ aufgeteilt.
Im Berechnungsmodell „Knickpunktkurve" kann der Volumenanteil der Flüssigkeit Ψ_W in Abhängigkeit der gewählten Kapillarradien r_1 und r_2 bestimmt
werden.

4.1.4 Trocknungs- und Auffeuchtungshysterese

Es ist mit unterschiedlichen Trocknungsverläufen zu rechnen, wenn frische mit aufgefeuchteten Gipskartonplatten verglichen werden. Während frische Gipskartonplatten in jeder Kapillare vollständig mit Wasser gefüllt sind, kann dieser Zustand durch nachträgliche Befeuchtung einer bereits trockenen Gipsplatte ggf. nicht wiederhergestellt werden. Die Kapillaren leeren sich über den Trocknungsprozess und füllen sich mit Luft. Bei der Wiederauffeuchtung durch das Einlegen in ein Wasserbad werden die kleinsten Kapillaren nicht vom Wasser aufgefüllt (vgl. (Carmeliet und Roels 2001)). Erkennbar wird dieser Effekt in den Anfangsfeuchten der Gipskartonplatte. Das Gewicht der aufgefeuchteten Platte wird geringer sein als das derselben Platte im frischen Zustand. Ein Hinweis auf den Einfluss der Auffeuchtungshysterese könnte die festgestellte Massendifferenz aus Abschnitt 3.2.4.2.2 darstellen.

Durch die Aufzeichnung der Trocknungsverläufe dieser beiden Anfangszustände derselben Platte lassen sich die Unterschiede bestätigen. Aus dem direkten Vergleich kann geschlossen werden welche Bereiche der Trocknungskurven auf den industriellen Prozess übertragbar sind.

4.2 Experimente

Im Folgenden werden verschiedene Experimente vorgeschlagen welche das Verständnis der Gipskartonplattentrocknung weiter verbessern sollen. Neben den klassischen Trocknungskurven werden deren Interpretation und Nutzen für verbesserte Modellrechnungen aufgezeigt.

Die Experimente dienen der Klärung einiger getroffener Annahmen, z. B. wie der Gleichverteilung der Temperatur in der Gipskartonplattenebene. Besonders der Einfluss von offenen Kanten schränkt die Gültigkeit von Berechnungsmodell ein. Klare Unterschiede zwischen der Trocknung von Gipskartonplatten und freien, vollständig benetzten Oberflächen sollten in dem Verlauf der Trocknungskurven ersichtlich werden. Des Weiteren sollten die Auswirkungen der Auffeuchtungshysterese genauer beurteilt werden um herauszuarbeiten in welchem Trocknungsabschnitt zwangsweise frische Gipsplatten genutzt werden sollten.

4.2.1 Verschiedene Trocknungskurven

Für den Trocknungsprozess sind besonders die Trocknungskurven interessant. An ihnen lässt sich ablesen wie schnell die Gipskartonplatte trocknet, wann die Knickpunktfeuchte und wann ggf. die Gleichgewichtsfeuchte erreicht werden. Nach den aktuellen Angaben des Projektpartners sind die Gipsplatten vor Ende des zweiten Trocknungsabschnittes für die Anwendung passend getrocknet.

Um eine Knickpunktkurve zu erstellen werden mehrere Trocknungskurven bei einer konstanten Lufttemperatur benötigt. Die Verdunstungsgeschwindigkeit wird über verschiedene Überströmungsgeschwindigkeiten variiert. Die erstellten Trocknungskurven bei einer konstanten Temperatur werden in einem Diagramm zusammenfassend dargestellt.

Es ist darauf zu achten, dass die Platten die getrocknet werden, auf dieselbe Weise befeuchtet wurden. Eine Platte die wieder aufgefeuchtet wurde wird sich anders verhalten als eine Platte die, ähnlich wie im Werk, direkt nach der Produktion in den Trockner läuft. Dies lässt sich auch im (Krischer und Kast 1978) nachlesen, denn die Gleichung der Knickpunktfeuchte gilt nur bei gleichen Anfangsfeuchten X_0 (vgl. Abschnitt 4.1.1).

Die Gipskartonplatte kann dazu in einem Strahlungstrockner mit integrierter Wägung bis zum Trockengewicht getrocknet werden. Dieser Vorgang kann in dem Versuchstrockner lange dauern was vermeidbar ist.

Im Folgenden werden Hinweise für Versuche zur Ermittlung der Knickpunktkurven bei der Trocknung unter bzw. über der Siedetemperatur gegeben.

4.2.1.1 Niedrigtemperaturtrocknung

In dieser Arbeit wird ausführlich darauf eingegangen, dass die Eigenschaften der Gipskartonplatte dafür verantwortlich sind, dass nach dem die Flüssigkeit an der Oberfläche entfernt wurde die Gutstemperatur ansteigt.

Zum direkten Vergleich der Temperaturverläufe eigenen sich Betriebspunkte die an die Experimente von (Lützenburg 2020) angelehnt sind. Die Eckdaten der Trocknung sind Lufttemperatur, relative Luftfeuchte und Wärmeübergangskoeffizient.

Dabei sollte sich zeigen, dass sich ein deutlich anderer Temperaturverlauf bei der Gipskartonplatten als beim Experiment mit einem Wasserbad einstellt. Als Resultat ergibt sicher eine klare Differenzierung der beiden Trocknungsvorgänge. Dies dient vor allem dem akademischen Anspruch und hat weniger eine technische Relevanz. Berechnungsmöglichkeiten für diese Trocknungsbedingungen sind in der vorliegenden Arbeit beschrieben.

4.2.1.2 Hochtemperaturtrocknung

Die bereits geplanten und auch erstmals durchgeführte Hochtemperaturtrocknung (vgl. Abschnitt 2.1.4.7) zeigt bereits annährend die erwarteten Trocknungsverläufe. Weitere Messungen bei Temperaturen zwischen $150\ldots250°C$ und variierender Luftfeuchte ($5\ldots300\frac{g}{kg}$) sollten zeigen, dass die Feuchte der Luft nur noch einen geringen bis keinen Einfluss auf die Trocknung der Gipskartonplatte hat. Physikalisch wird diese Vermutung in Abschnitt 2.2.4.5 begründet.

4.2.2   Nachbildung der industriellen Trocknungsvorgänge im Versuchstrockner

Der im Forschungsprojekt entwickelte Klimaschrank kann die Temperatur ($100°C\ldots250°C$) und die Feuchte ($5\frac{g}{kg}\ldots300\frac{g}{kg}$) der Luft in großen Bereichen regeln. Um die Optimierungskriterien für den industriellen Trocknungsprozess vor Ort testen zu können, sollten die Temperatur- und Beladungskurven aus realen Trocknungsanlangen nachgestellt werden. Die dazu erforderliche Regelung zur Auf- und Entfeuchtung der Luft sind bereits gegeben und müssen auf eine angemessene Regeldynamik geprüft werden. Die Temperaturzuführung ist bereits im Klimaschrank vollständig aufgebaut, verfügt aber über keine Möglichkeit die Temperatur aktiven herabzusetzen. Eine Zufuhr von Frischluft und Abfuhr von warmer Luft kann die Regeldynamik des Systems deutlich erhöhen, geht jedoch mit der Problematik der Einhaltung konstanter Feuchtebedingungen im Trockenschrank einher.

4.2.3   Temperaturverteilung

Das vorgestellte Modell „sinkender Trocknungsspiegel" berechnet Wärmeübergange aufgrund von Temperaturgefällen. Daher sind diese auch besonders für die Validierung im Experiment interessant. Während im Modell nur ein eindimensionaler Temperaturverlauf in der Gipskartonplatte angenommen wird, ist in der Realität ein Verlauf in alle Raumrichtungen möglich. Es gilt herauszufinden ob die Temperaturen in Längs- und Querrichtung annähernd homogen verteilt sind und die Temperaturen in Plattenhöhe den vom Modell berechneten Temperaturen entsprechen.

Diese Messung kann durch die parallele Aufzeichnung von mehreren Temperatursensoren an verschiedenen Positionen in der Gipskartonplatte geschehen. Es soll dabei festgestellt werden, ob ein Temperaturgefälle in Längs- oder Querrichtung innerhalb der Gipskartonplatte herrscht. Als kritisch wird die Ausrichtung zu den offenen Kanten gesehen. Zum Vergleich kann die Platte bei einer Messung um 90° um die z-Achse gedreht werden.

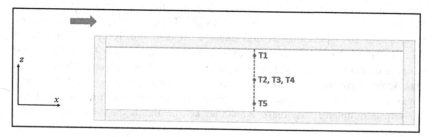

Abbildung 4.4 Messung der Temperaturverteilung in Gipskartonplatten, x-z Ausrichtung

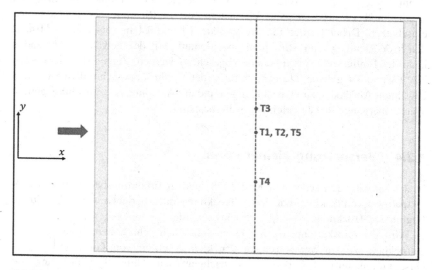

Abbildung 4.5 Messung der Temperaturverteilung in Gipskartonplatten, x-y Ausrichtung

In den beiden Abbildung 4.4 und Abbildung 4.5 ist dieselbe Gipskartonplatte in verschiedenen Halbschnitten dargestellt. Die angedeutete rote Messebene dient als Orientierungshilfe.

In Abbildung 4.4 ist zu erkennen, dass die Gipskartonplatte mit der karto-nummantelten Längskante zur Strömung orientiert ist. Die Überströmung der Querkante verursacht einem Wärmeeintrag in die Gipskartonplatte und die Trocknung beginnt. Ziel der Arbeit ist es die Temperaturverläufe in der Gips-kartonplatte zu approximieren und daher wird über die Temperaturmessungen T1, T2 und T5 der Temperaturverlauf in Z-Richtung gemessen. Diese Ergebnisse könnten dann mit den Temperaturverläufen aus Abbildung 3.9 verglichen werden. Das Berechnungsmodell „sinkender Trocknungsspiegel" und das Modell „Knick-punktmodell" gehen von einer inhomogenen Temperaturverteilung in z-Richtung der Gipskartonplatte aus, diese Annahme könnte durch die Messung bestätigt werden.

In Abbildung 4.5 ist deutlicher zu erkennen, dass die offenen Schnittkanten der Gipskartonplatte die Orientierungsebene schneiden. Erfahrungen des Pro-jektpartners geben an, dass bedeutende Wärme- und Stoffvorgänge von dieser Schnittkante beeinflusst werden. Durch den Vergleich der Temperaturmessungen T2, T3 und T4 lässt sich der Wärmetransport in Richtung der Schnittkanten einschätzen. Dabei werden die Messpunkte T3 und T4 in verschieden Abstän-den in Y-Richtung zum Mittelpunkt positioniert. Mit den gewählten Abständen kann der Einfluss der Schnittkanten abgeschätzt werden. Zeigen die Messungen T2, T3 und T4 gleiche Temperaturen, ist der Einfluss der Schnittkante bei den gewählten Abständen zu vernachlässigen und die Annahme zu vernachlässigender Wärmeübergänge in Längsrichtung wäre bestätigt.

4.2.4 Versperrung kleiner Poren

In der Literatur (Krischer und Kast 1978) und in Erfahrungsberichten des Pro-jektpartners von deutlich reduzierten Trocknungsraten berichtet, wenn das Gut zu Beginn der Trocknung zu stark getrocknet wurde.

Wird die Gipskartonplatte mit einer anfänglich sehr hohen Trocknungsrate getrocknet, werden Versperrungen der kleinen Poren von Gipsplatten (nicht Gipskartonplatten) in Experimenten nachgewiesen. Ohne die Förderung des Kapillarwassers von den großen zu den kleinen Poren (vgl. Abschnitt 2.2.4.7) ist mit verringerten Trocknungsraten im späteren Trocknungsvorgang zu rechnen.

Diesen Effekt gilt es in einem Experiment aufzuzeigen. Diese könnte wie folgt konzipiert werden:

Gipskartonplatten welche vollständig durchfeuchtet sind, also noch keine Trocknung erfahren haben, werden mit verschiedenen Parametern getrocknet.

Zunächst werden die Platten mit denselben mäßigen Trocknungsparametern getrocknet. Nach Erreichen einer gewissen Zeit t_S wird auf eine höhere Trocknungsleistung umgeschaltet, z. B. Erhöhung der Lufttemperatur oder der Überströmungsgeschwindigkeit. Mit verschiedenen Umschaltzeitpunkten lässt sich die Versperrung der Poren darstellen. Während frühe Umschaltzeitpunkte nur noch niedrige Trocknungsraten gegen Ende der Trocknung zeigen, werden die späteren Umschaltzeitpunkte höhere Trocknungsraten gegen Ende der Trocknung verzeichnen können.

Die Trocknungszeit hat direkte Auswirkungen auf die Trocknerdimensionen in der Industrie und sollte daher optimiert werden (vgl. (Krischer und Kast 1978; Gabriele et al. 2009; Vosteen 1976)). In Abbildung 4.6 wurde dieses Experiment bereits mit Chemiegips durchgeführt und der Effekt der Versperrung kleiner Poren nachgewisen.

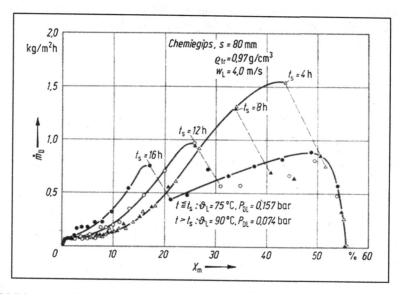

Abbildung 4.6 Trocknungsverlauf für Chemie-Gips bei sprunghafter Änderung der Trocknungsbedingungen nach verschiedenen Zeiten (Krischer und Kast 1978)

4.3   Simulation

Das vorgestellte makroskopische Modell „Knickpunktmodell" basiert darauf, die Trocknungsverläufe schematisch mit Hilfe von einfachen Berechnungsmethoden und zwei voneinander abhängigen Trocknungsspiegeln im relevanten technischen Bereich zu approximieren. Kann durch dieses erweiterte Modell eine approximierte Berechnung der Trocknungsverläufe erreicht werden, ist diese Berechnungsmethode den numerischen Simulationsverfahren (wie z. B. (Defraeye et al. 2012)) für die Berechnung großtechnischer Anlagen aufgrund der Berechnungsgeschwindigkeit vorzuziehen.

Des Weiteren sind die meisten der notwendigen Parameter oder funktionalen Zusammenhänge bekannt oder durch einzelne Experimente bestimmbar. Die Notwendigkeit von empirischen Parametern erkennt auch (Defraeye et al. 2013). In den aktuellen Veröffentlichungen wird auch ein makroskopisches Modell von (Aquino und Poesio 2021) vorgestellt welches für die Optimierung von Trocknungsprozessen eingesetzt wird.

Daher wirkt eine weitere Bearbeitung des makroskopischen Modells für die Berechnung großtechnischer Anlagen als erfolgversprechend.

Ziel der vorgelegten Arbeit ist es, die physikalischen Prozesse der Gipskartonplattentrocknung im Detail zu verstehen und reale Temperatur- und Feuchtigkeitsverläufe während der Trocknung zu approximieren. Die ausführliche Darstellung der Strömungsvorgänge, der Wärme- und Stoffübertragung und die Differenzierung von Verdunstung und Verdampfung führten zu zwei unterschiedlichen Berechnungsmodellen.

Die Berechnung des Verdunstungsprozesses über das Modell vollständig benetzter Oberflächen zeigt, dass die Größenordnung der Trocknungsraten über die dargestellte Theorie berechnet werden können. Der direkte Vergleich mit experimentellen Daten wurde in Abschnitt 3.1.3 vorgenommen zeigt aber besonders für niedrige Überströmungsgeschwindigkeiten starke Abweichungen. Aufgrund weniger Messpunkte aus dem Experiment und einem nicht quantifizierbaren Einfluss der Wärmeleitung konnten die Abweichungen nicht korrigiert oder detailliert interpretiert werden. Die sich einstellenden Oberflächentemperaturen der Experimente konnten mit hinreichender Genauigkeit bestimmt werden. Damit ist die Gutstemperatur über die Trocknung ausreichend genau bestimmt. Der Feuchtigkeitsverlauf, der aus der Trocknungsrate resultiert, kann nicht hinreichend sicher bzw. genau bestimmt werden. Damit weicht auch die Trocknungsdauer erheblich ab.

Die Berechnung des Verdampfungsprozesses über das Modell eines sinkenden Trocknungsspiegels in der Gipsschicht, zeigt den qualitativen Verlauf der Feuchte und Gutstemperatur über die Trocknung. Beim Vergleich des berechneten Temperaturverlaufs mit dem Experiment von (Kast 1989) in 3.2.4.2.1 zeigt sich ein ähnlicher Verlauf zur Messung. Im Vergleich zu den experimentellen Daten vom ersten Trocknungsversuch zeigen sich die Unterschiede in den

H. Paschert, *Makroskopische Betrachtung von Trocknungsvorgängen an porösen Medien*, Forschungsreihe der FH Münster,
https://doi.org/10.1007/978-3-658-41007-0_5

Trocknungsraten. Das Experiment zeigt die erwarteten Verläufe des ersten, zweiten und dritten Trocknungsabschnitts. Die Berechnung approximiert den zweiten Trocknungsabschnitt qualitativ, liegt aber quantitativ nur in der richtigen Größenordnung. Ein Vergleich der Temperaturverläufe ist aufgrund fehlender Messdaten nicht möglich. Daher lässt sich sagen, dass die Berechnung der Temperaturverläufe qualitativ möglich ist. Die Berechnung der Feuchtigkeitsverläufe Bedarf weitergehenden Untersuchungen.

Besonders die Temperaturbereiche unterhalb des Siedepunkts zeigen im Experiment bereits relevante Trocknungsraten. Die Abschätzung der Verdunstung innerhalb dieser Temperaturen ist im Rahmen dieser Arbeit offengeblieben. Die relevanten Gleichungen zur Berechnung der Verdunstung bei hohen Gutstemperaturen wurden im Rahmen dieser Arbeit bereits zusammengestellt.

Die Berechnungsmodelle zeigen vor allem diese wesentlichen Punkte: Die Trocknung von Gipskartonplatten entspricht nicht der Verdunstungstrocknung welche an feuchten Oberflächen stattfindet. Die ansteigende Temperatur der Platte über den Trocknungsprozess führt zur Verdampfung des Wassers aus den Kapillaren. Zur verbesserten Berechnung der Trocknungsraten ist neben dem Wärmeübergang auch die Flüssigkeitsbewegung von relevantem Einfluss. Diese gilt es besser zu beschreiben und somit in erweiterten Modellen zu berücksichtigen.

Zur Verbesserung des Berechnungsmodells „Knickpunktmodell" werden mehrere Experimente diskutiert. Insbesondere betreffen diese die Ermittlung der bisher fehlenden Größen zur Beschreibung der Wärmeleitfähigkeit und der Knickpunktfeuchte unter verschiedenen Trocknungsbedingungen. Offen bleibt welchen Einfluss die Verdunstung während der Erwärmung des Guts oder auch während der Verdampfung des Wassers auf die Trocknungsrate hat.

Eine Reihe an möglichen Experimenten wurde zusammengetragen und als Versuchsempfehlung zur Validierung der Berechnungsannahmen und dem erweiterten Verständnis der Gipskartonplattentrocknung gegeben.

Fazit

Die vorgelegte Arbeit soll einen Beitrag zum Verständnis der komplexen physikalischen Mechanismen bei der Gipskartonplattentrocknung leisten. Einige fehlerhafte Annahmen konnten durch die Beschreibung des Trocknungsprozesses im dargestellten Detail verworfen und durch treffendere Annahmen ersetzt werden. Ein Beispiel dafür bildet die Berücksichtigung der Erwärmung der Gipskartonplatte anstelle einer Verdunstungskühlung wie die bei anderen porösen Medien der Fall gewesen wäre.

Die vorgestellten Berechnungsmodelle treffen jeweiligen Anwendungsfall qualitativ, weichen aber in den quantitativen Ergebnissen deutlich ab. Damit wurde das Ziel, die Temperatur- und Feuchteverläufe bei der Gipsplattentrocknung zu approximieren, in Teilen erfüllt. Zur Verbesserung der quantitativen Ergebnisse werden eine Reihe von Maßnahmen vorgestellt. Hier scheint die Erweiterung des Modells „sinkender Trocknungsspiegel" auf das „Knickpunktmodell" besonders erfolgsversprechend. Bei den vorgestellten Berechnungsmodellen „sinkender Trocknungsspiegel" und „Knickpunktmodell" handelt es sich um an die FVM angelehnte Berechnungsmethoden, welche um eine dynamische Aufteilung der Schicht (im Kontext von FVM: Zellen) erweitert wurden. Die Verwendung von einfachen Formeln und wenigen funktionalen Zusammenhängen soll eine schnelle Berechnung für großtechnische Anlagen ermöglichen.

Das in der Literatur beschriebene HAM Modell wird aufgrund der Rechenkomplexität und der gegebenen Temperatureinschränkungen nicht in dieser Form für die Berechnung großtechnischer Anlagen zur Trocknung von Gipskartonplatten zum Einsatz kommen.

Es bleibt im Experiment zu prüfen, inwieweit die getroffenen Annahmen für das reale Produkt zutreffen. Hierzu werden Empfehlungen für Experimente gegeben welche das Verhalten in der Gipsplatte untersuchen.

H. Paschert, *Makroskopische Betrachtung von Trocknungsvorgängen an porösen Medien*, Forschungsreihe der FH Münster, https://doi.org/10.1007/978-3-658-41007-0_6

Ausblick 7

Die Fortführung der bisherigen Arbeit kann in mehrere Richtungen ausgeführt werden:

Zum einen ist die Programmierung des Knickpunktmodells umzusetzen, zum anderen sind eine Reihe an Experimenten durchzuführen. Werden beide Punkte erfolgreich ausgeführt, kann das Knickpunktmodell ggf. die Trocknungsraten und Temperaturverläufe der Messungen qualitativ und quantitativ treffen.

Es ist ggf. auch möglich einen neuen Ansatz zur Berechnung der Gipskartonplattentrocknung zu wählen. Die vorgestellten Modelle zum Stoffübergang sind nicht alle auf die Gültigkeit im Bereich der Verdunstungstrocknung beschränkt. Denkbar wäre ein Modell auf Grundlage des Verdunstungsmodells welches über einen gewissen Stoffübergangswiderstand den austretenden Dampfmassenstrom begrenzt und somit die Erwärmung der Gipskartonplatte beschreibt.

Eine weitere denkbare Richtung für die Entwicklung eines Berechnungsmodells zur Bestimmung der Temperatur- und Feuchteverläufe ist die Erweiterung des HAM-Modelles auf die relevanten Temperaturniveaus.

Nach wie vor sind für alle Berechnungsansätze experimentelle Daten zum Abgleich der Ergebnisse notwendig. Durch den aufgebauten Versuchstrockner lassen sich jetzt schon wichtige Daten für die Zukunft sammeln.

H. Paschert, *Makroskopische Betrachtung von Trocknungsvorgängen an porösen Medien*, Forschungsreihe der FH Münster, https://doi.org/10.1007/978-3-658-41007-0_7

Literaturverzeichnis

Aquino, Andrea; Poesio, Pietro (2021): Off-Design Exergy Analysis of Convective Drying Using a Two-Phase Multispecies Model. In: *Energies* 14 (1), S. 223. DOI: https://doi.org/10.3390/en14010223.

AZREE OTHUMAN MYDIN (2012): GYPSUM BOARD THERMAL PROPERTIES EXPOSED TO HIGH TEMPERATURE AND FIRE CONDITION.

Carmeliet, Jan; Roels, Staf (2001): Determination of the Isothermal Moisture Transport Properties of Porous Building Materials. In: *Journal of Thermal Envelope and Building Science* 24 (3), S. 183–210. DOI: https://doi.org/10.1106/Y6T2-9LLP-04Y5-AN6T.

Defraeye, Thijs (2014): Advanced computational modelling for drying processes – A review. In: *Applied Energy* 131, S. 323–344. DOI: https://doi.org/10.1016/j.apenergy.2014.06.027.

Defraeye, Thijs; Blocken, Bert; Carmeliet, Jan (2013): Influence of uncertainty in heat–moisture transport properties on convective drying of porous materials by numerical modelling. In: *Chemical Engineering Research and Design* 91 (1), S. 36–42. DOI: https://doi.org/10.1016/j.cherd.2012.06.011.

Defraeye, Thijs; Houvenaghel, Geert; Carmeliet, Jan; Derome, Dominique (2012): Numerical analysis of convective drying of gypsum boards. In: *International Journal of Heat and Mass Transfer* 55 (9–10), S. 2590–2600. DOI: https://doi.org/10.1016/j.ijheatmasstransfer.2012.01.001.

Derdour, L.; Desmorieux, H. (2008): An analytical model for internal moisture content during the decreasing drying rate period. In: *AIChE J* 54 (2), S. 475–486. DOI: https://doi.org/10.1002/aic.11370.

Dipl. -Ing. Martin Krus (1995): Feuchtetransport- und Speicherkoeffizienten poröser mineralischer Baustoffe. Doktorarbeit.

Eckert, E.; Lieblein, V. (1949): Berechnung des Stoffüberganges an einer ebenen, längs angeströmten Oberfläche bei großem Teildruckgefälle. In: *Forsch Ing-Wes* 16 (2), S. 33–42. DOI: https://doi.org/10.1007/BF02592487.

F. f. G. u. Bioverfahrenstechnik: Trocknungsschnitte poröser Medien. Hg. v. Fraunhofer IGB. Online verfügbar unter www.igb.fraunhofer.de, zuletzt geprüft am 20.03.2019.

Gabriele, A.; Nienow, A. W.; Simmons, M.J.H. (2009): Use of angle resolved PIV to estimate local specific energy dissipation rates for up- and down-pumping pitched blade agitators

© Der/die Herausgeber bzw. der/die Autor(en), exklusiv lizenziert an Springer Fachmedien Wiesbaden GmbH, ein Teil von Springer Nature 2023
H. Paschert, *Makroskopische Betrachtung von Trocknungsvorgängen an porösen Medien*, Forschungsreihe der FH Münster,
https://doi.org/10.1007/978-3-658-41007-0

in a stirred tank. In: *Chem. Eng. Sci.* 64 (1), S. 126–143. DOI: https://doi.org/10.1016/j. ces.2008.09.018.

DIN 18180, 2014: Gipsplatten.

DIN EN 12859: 2008, 2008: Gips-Wandbauplatten – Begriffe, Anforderungen und Prüfverfahren.

Hagentoft, Carl-Eric; Kalagasidis, Angela Sasic; Adl-Zarrabi, Bijan; Roels, Staf; Carmeliet, Jan; Hens, Hugo et al. (2004): Assessment Method of Numerical Prediction Models for Combined Heat, Air and Moisture Transfer in Building Components: Benchmarks for One-dimensional Cases. In: *Journal of Thermal Envelope and Building Science* 27 (4), S. 327–352. DOI: https://doi.org/10.1177/1097196304042436.

Häussler W. (1973): Lufttechnische Berechnungen. im Mollier-i,x-Diagramm. 2. Aufl. Dresden: Verlag Theodor Steinkopff.

Horacio R. Corti; Roberto Fernandez-Prini (1983a): Thermodynamics of solution of gypsum and anhydrite in water over a wide temperature range.

Horacio R. Corti; Roberto Fernandez-Prini (1983b): Thermodynamics of solution of gypsum and anhydrite in water over a wide temperature range. In: *Can. J. Chem. 62*, S. 484–488.

Kast, Werner (1989): Trocknungstechnik. Berlin: Springer-Verlag.

Krischer, Otto; Kast, Werner (1978): Trocknungstechnik: Springer-Verlag Berlin Heidelberg.

KRÜSS GmbH: Methode des liegenden Tropfens. Online verfügbar unter www.kruss.de, zuletzt geprüft am 18.10.2021.

Lützenburg, Yannick (2020): Entwicklung eines Prüfstandes zur Bestimmung der Verdunstungsrate einer längsüberströmten Fläche mit Datenerfassung mittels Arduino.

Pavel Tesárek, Robert Černý, Jaroslava Drchalová, Pavla Rovnaníková: THERMAL AND HYGRIC PROPERTIES OF GYPSUM: REFERENCE MEASUREMENTS.

Poós, Tibor; Varju, Evelin (2017): Dimensionless Evaporation Rate from Free Water Surface at Tubular Artificial Flow. In: *Energy Procedia* 112, S. 366–373. DOI: https://doi.org/10. 1016/j.egypro.2017.03.1069.

SAMUEL L. MANZELLO, SUEL-HYUN PARK, TENSEI MIZUKAMI, DALE P. BENTZ (2008): MEASUREMENT OF THERMAL PROPERTIES OF GYPSUM BOARD AT ELEVATED TEMPERATURES.

Schlünder, E. U. (1964): Stoffübergang bei Verdunstungs- und Absorptionsvorgängen an einer ebenen, überströmten Platte. In: *Chem. Ing. Tech.* 36 (5), S. 484–492. DOI: https:// doi.org/10.1002/CITE.330360512.

VDI-Wärmeatlas (2013). Berlin, Heidelberg: Springer Berlin Heidelberg.

Vosteen, Bernhard (1976): Über die Trocknung verkrustender Trocknungsgüter am Beispiel der Trocknung von Gipswandbauplatten. In: *Zement Kalk Gips*.

Weber, Lukas (2019): Erarbeitung der Stoffübergangstheorie und Umsetzung in einer Tabellenkalkulation. Masterarbeit. FH Münster, Steinfurt. Labor für Strömungstechnik und -simulation.

Wenger Engineering GmbH (2021): Grenzschichtentwicklung an einer ebenen Platte. Online verfügbar unter https://www.stroemung-berechnen.de/grenzschicht/, zuletzt geprüft am 05.11.2021.

Yu, Q. L.; Brouwers, H. J. H. (2012): Thermal properties and microstructure of gypsum board and its dehydration products: A theoretical and experimental investigation. In: *Fire Mater.* 36 (7), S. 575–589. DOI: https://doi.org/10.1002/fam.1117.

Printed in the United States
by Baker & Taylor Publisher Services